国家重点研发计划"天然气水合物新型取样系统研发"项目资助
国家"双一流"高校建设专项"地质工程与人居安全"项目资助

天然气水合物保压取芯钻具及岩芯后处理系统

TIANRANQI SHUIHEWU BAO YA QU XIN ZUANJU
JI YANXIN HOUCHULI XITONG

卢春华　王荣璟　唐志强　张　涛　等著

内容简介

本书在概述国内外天然气水合物开发现状和取得成果的基础上,分析了现阶段天然气水合物保压取样和利用岩芯后处理系统进行的水合物性能参数现场测试技术在天然气水合物开发过程中的重要意义。全书详细介绍了天然气水合物保压取芯钻具及岩芯后处理系统国内外研究现状,总结了项目组近5年来在天然气水合物保压取芯钻具及岩芯后处理系统方面取得的创新成果,主要包括液压驱动连杆关闭球阀式天然气水合物保压取芯钻具的结构原理及室内外试验,三弹卡齿轮-齿条关闭球阀式天然气水合物取芯钻具的结构原理、室内外试验、海试及优化改进设计,水合物岩芯后处理系统的结构原理及相关试验情况,可供广大从事水合物勘探开发的科技人员、生产管理人员及大专院校相关专业的师生使用。

图书在版编目(CIP)数据

天然气水合物保压取芯钻具及岩芯后处理系统/卢春华等著.—武汉:中国地质大学出版社,2023.7

ISBN 978-7-5625-5650-3

Ⅰ.①天… Ⅱ.①卢… Ⅲ.①天然气水合物-气田开发-研究 Ⅳ.①P618.13

中国国家版本馆CIP数据核字(2023)第138572号

天然气水合物保压取芯钻具及岩芯后处理系统		卢春华 王荣璟 唐志强 张 涛 等著	
责任编辑:谢媛华	选题策划:江广长		责任校对:张咏梅
出版发行:中国地质大学出版社(武汉市洪山区鲁磨路388号)			邮政编码:430074
电 话:(027)67883511	传 真:(027)67883580		E-mail:cbb@cug.edu.cn
经 销:全国新华书店			http://cugp.cug.edu.cn
开本:787毫米×1092毫米 1/16		字数:301千字	印张:11.75
版次:2023年7月第1版		印次:2023年7月第1次印刷	
印刷:武汉中远印务有限公司			
ISBN 978-7-5625-5650-3			定价:86.00元

如有印装质量问题请与印刷厂联系调换

前 言

油气等资源是国民经济建设的基础,是维持经济可持续发展和国家安全的重要保障。近年来,随着社会经济的快速发展,能源消费日益增长,常规油气资源日趋紧张,能源短缺已成为制约世界经济发展的重要因素之一,寻找新型可替代能源迫在眉睫。天然气水合物俗称"可燃冰""固体瓦斯"等,其特点是分布范围广、储量丰富、能量密度大和清洁高效。在自然界,天然气水合物广泛分布于大陆、岛屿的斜坡地带、活动和被动大陆边缘的隆起处、极地大陆架以及海洋和一些内陆湖的深水环境。由于特殊的赋存环境,天然气水合物可产生自身体积164倍的甲烷气体,而且单位能量甲烷燃烧释放出来的温室气体CO_2仅为煤炭的1/2。依据科学家最新和较为保守的估算,全球海洋和陆地上已发现的天然气水合物矿藏所蕴藏的甲烷气体为(1000~5000)万亿 m^3,超过了全世界天然气的总储量。因此,天然气水合物被认为极有可能成为未来最有远景的新型接替能源,引起世界各国的广泛关注。自1934年人类首次发现天然气水合物,到世界各地天然气水合物矿田的增多,天然气水合物作为一种前景能源,以其巨大的资源量和诱人的开发前景日益被各国所重视。国际上对天然气水合物的勘探开发研究已经从学术研究范畴演变为政府政策性行为,多个国家已经制定了勘探开发计划并成立专职机构,以期探明天然气水合物资源储量并为大规模开采作前期准备。在传统能源日渐枯竭、国际能源争夺日趋激烈的今天,世界上许多国家都把研究、勘察和开发利用天然气水合物当作一项重要的国家能源战略。

对于自然界中的水合物特别是海洋水合物,目前这种潜在新能源的勘探与开发仍面临诸多挑战。例如,水合物钻探及开采会影响海底地层中水合物的稳定性,进而改变井壁周围水合物所赋存地层的物理力学性质,可能引起附近海底及海底以下地层中地质和生态环境的动态变化,甚至诱发海底滑坡及大陆边缘坍塌等复杂情况。因此,准确地掌握水合物地层孔隙度、地层中水合物饱和度以及物理力学性质等参数就显得尤为重要。但通过地震或者测井所得的数据,对我们所需各项参数进行估算往往会与实际值存在较大误差,且在现有技术条件下又很难进行原位地层参数测试,因此通过钻井获取水合物地层岩芯,再对其物理化学及力学性质进行测试与分析是最为可靠的方法。

在天然气水合物地层取芯过程中,为了确保岩芯中赋存的水合物不会在取芯器中分解,获取岩芯后通常会使用氮气、甲烷等气体进行保压处理。但是,这些外来物质的介入会对所获取的水合物岩芯产生一定的影响,而且此保压状态下的岩芯经过长时间保存后再进行相关性质测试,所得数据的可靠性也会受到影响。因此,在所获岩芯受外来物质影响较小且较好地保持原位赋存条件时,现场对水合物性能参数进行快速准确测试十分重要。水合物性能参数现场测试分析,对解释赋存于地层中的水合物生长机理与预测水合物分解过程中地层物理力学性质变化等极为重要,更是构建上述复杂情况下水合物赋存地层行为预测模型的关键所在,对评估储层内天然气水合物赋存方式和资源量都具有重要意义。

美国、德国等少数发达国家和地区已成功研制出水合物保真岩芯样品后处理和现场测试分析装置并在生产现场应用。我国主要针对人工合成水合物、天然气水合物保压岩芯样品开展相关实验室内参数测试研究,少数单位开始尝试研究水合物岩芯样品现场参数测试分析技术(主要集中在浅部重力式活塞保压取样器等参数测试技术)。总体来说,目前我国海洋深部天然气水合物岩芯样品现场参数测试技术与发达国家仍有较大差距,现场参数测试多数依靠国外技术,急需研发具有自主知识产权的水合物岩芯取样和现场参数测试分析技术。

经过反复实践和优化改进,项目组成功开发高保真球阀式天然气水合物保压取芯钻具及与之对接的天然气水合物岩芯后处理系统。本书是项目组基于国家重点研发计划"天然气水合物新型取样系统研发"项目国家"双一流"高校建设专项"地质工程与人居安全"项目成果的总结。此成果具有完全自主知识产权,目前已授权国际专利1项,国内专利7项,可实现海洋深部天然气水合物的保压取样及水合物岩芯样品保压转移、切割和电阻率、波速、剪切强度等参数的现场快速测试。

项目由卢春华负责,主要骨干成员包括中国地质大学(武汉)王荣璟、张涛、张凌、刘志超和新疆兵团勘测设计院集团股份有限公司的唐志强以及研究生赵慧斌、黄柳松、谭畴江和乔梦迪等。本书是项目组近5年来开展天然气水合物取芯钻具和岩芯后处理技术研究的成果总结,由卢春华执笔,唐志强参与了室内外试验内容的撰写。全书从天然气水合物保压取芯钻具及岩芯后处理系统国内外研究现状出发,阐述了研究具有自主知识产权的天然气水合物保压取芯钻具和岩芯后处理技术的重要性,详细介绍了项目组开发的液压驱动连杆关闭球阀式天然气水合物保压取芯钻具和三弹卡齿轮-齿条关闭球阀式天然气水合物取芯钻具的结构、工作原理、改进设计及陆地和海试情况,以及天然气水合物岩芯后处理系统的结构和工作原理及相关的试验情况。

本书在编写过程中除了参考研究项目的任务书、设计书和研究报告外,还参考了关于国内外天然气水合物研究现状、天然气水合物保压取芯钻具及岩芯后处理系统研究现状等方面的资料,在此向提供这些资料的作者和单位表示衷心的感谢。由于作者水平有限,书中难免有不足之处,敬请广大读者批评指正。

著 者
2023年5月

目 录

第一章 国内外天然气水合物开发概况 ……………………………………………(1)

第一节 概 述 ……………………………………………………………………(1)

第二节 国外天然气水合物开发概况 ……………………………………………(3)

第三节 国内天然气水合物开发概况 ……………………………………………(5)

第二章 国内外天然气水合物保压取芯钻具及岩芯后处理系统研究现状 …(7)

第一节 国外研究现状 ……………………………………………………………(8)

第二节 国内研究现状 ……………………………………………………………(15)

第三节 天然气水合物参数测试响应机理 ………………………………………(20)

第三章 液压驱动连杆关闭球阀式天然气水合物保压取芯钻具 ……………(23)

第一节 液压驱动连杆关闭球阀式天然气水合物保压取芯钻具的结构原理 …(29)

第二节 液压驱动连杆关闭球阀式天然气水合物保压取芯钻具室内试验 ……(41)

第三节 液压驱动连杆关闭球阀式天然气水合物保压取芯钻具野外试验 ……(55)

第四章 三弹卡齿轮-齿条关闭球阀式天然气水合物保压取芯钻具 …………(67)

第一节 三弹卡齿轮-齿条关闭球阀式天然气水合物保压取芯钻具结构原理 …(67)

第二节 齿轮-齿条启闭球阀方式理论校验及数值模拟 …………………………(71)

第三节 三弹卡齿轮-齿条关闭球阀式天然气水合物保压取芯钻具室内试验 …(87)

第四节 三弹卡齿轮-齿条关闭球阀式天然气水合物保压取芯钻具陆地生产试验

………………………………………………………………………………(100)

第五节　三弹卡齿轮-齿条关闭球阀式天然气水合物保压取芯钻具海上生产试验 ……………………………………………………………………………（108）

第六节　三弹卡齿轮-齿条关闭球阀式天然气水合物保压取芯钻具的改进设计 …（133）

第五章　天然气水合物岩芯后处理系统 ……………………………………（139）

第一节　天然气水合物岩芯后处理系统组成 ……………………………………（139）

第二节　天然气水合物岩芯后处理系统第一次室内试验 ………………………（144）

第三节　天然气水合物岩芯后处理系统第二次室内试验 ………………………（159）

主要参考文献 …………………………………………………………………（180）

第一章 国内外天然气水合物开发概况

第一节 概 述

伴随着经济、工业及科技的快速发展,世界各地的能源消耗不断增加,现有常规能源难以满足未来人们对能源的巨大需求。天然气水合物又称"可燃冰",是一种晶体状的冰状化合物,由水和较轻的气体分子在高压低温的自然地质环境中形成,普遍存在于海洋和永久冻土环境中。其中海洋天然气水合物资源储量约占天然气水合物资源总量的99%(王力峰等,2017),远远大于永久冻土层中天然气水合物储量。与煤、石油等化石燃料燃烧不断排放二氧化碳及其他污染气体不同,天然气水合物是一种污染较小的清洁能源,可以满足我们未来对能源的需求。天然气水合物始终备受关注,通过勘查和钻探研究,提高产气效率,实现长期稳定开采,促进商业化开发,成为世界各国追求的目标。

美国、日本等国家最先进行天然气水合物的研究,并积累了丰富的经验,我国的天然气水合物研究起步较晚,但发展迅速,目前已实现了两轮天然气水合物试采。1934年,美国首先观察到天然气水合物形态,这也是人类首次在实验室外观察到天然气水合物。1967年,苏联首次在西伯利亚永久冻土带观察到大量的甲烷水合物矿床。随后几年,研究发现部分产于麦索亚哈气田的50亿m^3天然气来源于天然气水合物的分解。之后的10年里,在阿拉斯加西部和加拿大麦肯齐三角洲地区也发现有天然气水合物的存在。从2000年开始,全球对天然气水合物的勘探和研究规模持续扩大,有30多个国家和地区参与。自开展天然气水合物研究以来,美国、日本、加拿大、印度、德国以及我国等许多发达国家和发展中国家相继投入大量的资金与人力进行国家性水合物专项调查。

天然气水合物储量丰富,广泛赋存于海洋深水环境及大陆永久冻土带等高压低温环境,即使是保守估计这些资源量也相当于传统能源资源量的两倍多,是全球天然气总储量的100倍。其中,海域资源量占99%,主要分布在300m深的海底及海底下数百米的沉积物中;陆地资源仅占1%,主要分布在地面下200~2000m的永久冻土层中。目前,已发现天然气水合物矿点230余处(萧惠中和张振,2021;王淑玲和孙长涛,2018;杨建超等,2017;关进安,2019)。

美国矿区中天然气水合物资源储量约为9060万亿m^3,约占全球水合物总储量的1/2,主要分布于墨西哥湾、太平洋、大西洋、阿拉斯加海域和陆域等区域(马小飞等,2021;Nanda et al.,2019)。其中,墨西哥湾的水合物资源量集中分布于西北部,该区水合物资源量丰富,已发现水合物海底模拟反射层(BSR)标志 100 多处,资源潜力巨大。日本海域的甲烷水合物储量为(4.7~7.4)万亿 m^3,南海海槽的水合物储量最大。印度的天然气水合物资源量巨大,预估甲烷水合物资源总量约 1894 万亿 m^3,可供全国使用数百年(付强等,2020)。印度大陆边缘的浅层沉积物是天然气水合物的良好宿主,预测天然气水合物的储量是目前常规天然气储量的 1500 倍。俄罗斯海域及韩国东部近海郁龙盆地等海域资源储量也相当丰富,俄罗斯的麦索亚哈气田和加拿大的北极多年冻土地带等陆域也有相当广泛的分布。我国南海海域天然气水合物资源量约为 800 亿 t(油当量),在青藏高原及祁连山南缘多年冻土地带天然气水合物资源量有大约 400 亿 t(油当量)。

天然气水合物作为一种能源资源的潜力取决于经济、安全、环保开采技术的突破。开采技术得当,它会成为"后石油时代"的主要替代能源;开采技术不当,它会引发严重的地质灾害及环境污染。目前,传统的天然气水合物开采方法主要有热激发开采法、降压开采法、注入化学试剂开采法、CO_2 置换开采法(陈强等,2020;赵克斌等,2021;张涛等,2021;于兴河等,2004;刘建辉等,2021)。

热激发开采法是最先尝试进行的试采方法。该方法直接对天然气水合物层进行加热,使水合物层加热至平衡温度以上,进而促进水合物的分解。此法可循环加热,作用较快,缺点是不仅要提供水合物分解所需的能量,还要对沉积物、孔隙气体和液体进行加热,并且上下边界层也会有热损失,热利用率较低,因此仍需在实践中进一步完善。

降压开采法是最常使用的开采方法。该方法依靠抽取地下水或气举等方法降低井口压力,使井口邻近区域的孔隙水压力降至相平衡压力以下,进而促进水合物的分解。这种方法设备简单,操作方便,且开采成本较低,被认为是最经济有效的开采方法。2013 年和 2017 年日本在南海海槽开展的两轮海上生产试验均运用了降压开采法。其后,我国的两次海域开采中"蓝鲸一号""蓝鲸二号"也均以降压开采为核心,并实现了连续稳定产气,在产气总量和日均产气量上都实现了突破。但是降压开采法也有弱点,由于水合物分解消耗较大热量,地层局部易因温度降低而结冰或二次生成水合物,堵塞渗透路径,对水合物的长期开采有较大影响,严重影响开采效率。经过不断改进,人们又提出循环降压开采法,在降压一定时间后,地层显热耗尽时进行关井,水合物会因地热流动继续分解,大大提高采气效率。

注入化学试剂开采法是向水合物储层中注入盐水等,通过破坏水合物的平衡状态进而使其分解。相较于热激发开采法和降压开采法,该方法有明显的不足,不仅效率低、效果缓慢,而且所需经济成本较高,对环境有潜在威胁。

CO_2 置换开采法是通过注入 CO_2 将水合物中的甲烷置换出来的一种方法。CO_2 置换开采法无论在经济成本方面,还是对环境的影响方面都是一种极具前景的开采方法,具有甲烷开采和 CO_2 地质封存双重优势,能同时实现天然气水合物开采与二氧化碳减排的双赢;但它的置换效率较低,是近年来研究的重点。美国阿拉斯加冻土区的水合物试验开采就是运用此法。

第二节　国外天然气水合物开发概况

　　天然气水合物作为一种能源资源,其蕴藏的巨大潜力已引起了多个国家的关注。1972年,美国首次在阿拉斯加多年冻土层采集到天然气水合物样品。1995年,美国对大西洋西部开展了一系列深海钻探,最先证明天然气水合物储量丰富且可进行商业化开发。1998年,美国参议院将天然气水合物作为国家发展的战略能源列入国家长远计划。美国的水合物试验研究主要集中于墨西哥湾海域和阿拉斯加北部斜坡冻土层。2000年以来,美国石油公司在墨西哥湾进行了详细的地质调查和分析,采集了大量水合物样品,为下一步水合物的研究提供了丰富的地质、地球物理等数据资料。2003年在阿拉斯加北部进行的天然气水合物试采项目吸引了多个国家的关注。

　　近年来,美国对天然气水合物开采领域投资放缓,但仍然关注于理论和技术实践,并保持以综合科学研究工作为主,待时机成熟后将再次注入国家预算资金。

　　日本对天然气水合物的研究较为积极,在天然气水合物勘探领域处于世界前列。为了实现天然气水合物的长期稳定开采,促进商业化开发,日本进行了大量的勘察研究工作。从20世纪90年代以来,日本已进行了3轮国家级天然气水合物研发计划,并完成了两轮海域试采工作。

　　20世纪70年代,日本在其周边海域发现海底模拟反射层(BSR)分布区,这一发现对解决日本能源极度缺乏意义重大。2001年启动"21世纪天然气水合物研发计划"进行天然气水合物的产业化开发,并分3个阶段进行。第一阶段(2001—2008年)主要进行基础科学的研究,预测可能的天然气水合物资源量及其分布;第二阶段(2009—2015年)在已确定的天然气水合物分布区进行生产试验;第三阶段(2016—2018年)建立环保的开发体系,以实现水合物的商业化开采为目标。该研究计划涉及资源量评价、生产方式开发、现场试采和环境影响评价4个方面。目前3个阶段均已完成。第一阶段在南海海槽重点海域实施的二维、三维地震勘探与钻探对南海海槽资源量赋存特征和对勘探选区及试采站位的选择提供了依据,完成了日本海域的资源量评估及其主要分布;第二阶段成功开展了一次陆上生产试验和两次海上生产试验;第三阶段实施进行了第二次海域试采和长期陆上试采,均成功产气,但产气率未明显提高,这表明暂未实现对天然气水合物的长期稳定开发,商业化开发随之延后。2013年和2017年,日本开展的两轮天然气水合物海域试采的成功,标志着对水合物的研究从室内实验模拟转向现场试验开采,使人们对水合物的研究向前推进了一大步(萧惠中和张振,2021;张洪涛,2014)。2013年3月,日本在南海海槽东部深水水合物储层实施了第一轮海域试采,使用单一直井进行试采,产气持续6d,平均日产气量20 000m³,但因出砂问题被迫中断。2017年4月至7月,日本针对第一轮试采中出现的问题,重新进行了设计,在同一海域进行第二轮海域试采,使用两口竖井交替生产。第一口井产气持续12d,第二口井产气持续24d,第一口井仍出砂,但第二口井基本解决了出砂问题。两次海域试采虽未实现天然气水合物的持续稳定开采,但均成功产气,研发计划基本实现。

印度近海盆地,尤其是 Krishna-Godavari 盆地,含油量极高,曾开启多次地球科学考察,目前作为国家天然气水合物项目进行研究。1997年,印度石油和天然气部决定实施印度国家天然气水合物计划(NGHP),目的是快速掌握全国水合物资源储量及其分布,为商业化开采作准备。2006年,印度开展了 NGHP 第一航次(NGHP-01),结果表明在克里希纳哥达瓦盆地深层的砂质沉积物中可能存在高度饱和的天然气水合物沉积层。基于此,2015年3月3日和2015年7月28日,第二航次(NGHP-02)在印度东部深水海域有效实施,被认为是设计天然气水合物勘探、研究钻井和超深水压力取芯作业最广泛的项目之一。印度曾计划在2017—2018年开展的试采工作目前还未有相关报道。

韩国海域天然气水合物主要分布在其东部近海郁龙盆地。1996年,韩国启动了第一个天然气水合物项目。随后几年里,韩国在东部海域开展了基础地质研究、地球物理调查和试验等工作,获取了大量岩芯样品、2D多道地震数据与多波束测深数据,为天然气水合物生产试验奠定了坚实的基础。2005年,韩国政府启动了为期10年的国家天然气水合物计划,主要开展地质与地球化学、地球物理、钻探和开发等方面的研究。2007年和2010年对郁龙盆地分别实施了第一次和第二次天然气水合物钻探航次,进行试采站位的选择以及盆地资源潜力的评价。第一次钻探的研究结果表明大陆坡位置的碎屑流、浊流或半深海沉积物为水合物适宜发育区;第二次钻探在第一次基础上发现郁龙盆地水合物的形成与分布主要受岩性和裂隙构造控制,为寻找水合物有利开发区提供了基础数据。2011—2014年对天然气水合物储层特征、钻探资料以及试开发数据等进行了研究,形成了天然气水合物的开发技术方案。原计划于2015年在郁龙盆地进行的试采工作由于资金问题被推迟,至今未安排。

俄罗斯海域和陆域的天然气水合物资源丰富,但该国对水合物资源没有系统勘查,无法准确评估其产量及分布。有一份调查显示海域天然气水合物储量为$(3.8～81.0)$万亿m^3,陆域水合物主要分布在雅库特地区和西伯利亚地区,储量为$(10～50)$万亿m^3。1970年对西西伯利亚地区的麦索亚哈气田投入开发,是世界上第一个投入工业化开发的可燃冰气田。1972—2004年主要用降压开采法对麦索亚哈气田进行开采,从地下730m获取水合物样品,但由于为间歇性产气而最终宣告失败。

加拿大北极多年冻土带与众多大陆架的天然气水合物资源储量保守估计为$(0.01～1)$万亿m^3,主要分布在麦肯齐三角洲-波弗特海地区、北极群岛地区、大西洋边缘地区、太平洋边缘地区。加拿大分别在2002年、2007年和2008年对麦肯齐三角洲陆域进行了水合物试采,产气持续时间为14d、12.5h、6d,由于出砂而停产。

德国对天然气水合物的全球环境意义特别重视,长期致力于水合物稳定性的热动力研究。德国与俄罗斯、美国合作,分别在鄂霍次海以及卡斯凯迪亚消减带开展水合物调查。德国在2000年后推出一系列地球系统和地质研究计划,均包括对水合物的研究,重点研究天然气水合物分解引发的地质灾害和环境影响以及检测与评价技术。

挪威也很重视天然气水合物开采对环境的影响,已在海底灾害预防和深海二氧化碳封存方面取得了重要的研究进展。2006—2011年挪威在巴伦支海-斯瓦尔特群岛开展了天然气水合物在海底稳定性评价以及气候和生态的相关研究。另外,挪威在深海二氧化碳封存技术以及海底滑坡检测等相关研究中都有显著进展,值得各国借鉴学习。

刚果、新西兰、巴基斯坦等国家都对天然气水合物的研究非常感兴趣,也开展了不同程度的调查和研究。

第三节　国内天然气水合物开发概况

我国冻土区面积居于世界第三位,主要分布在青藏高原和东北大兴安岭等地区,多年冻土面积达 215 万 km^2。据估算,我国冻土区天然气水合物资源量最少在 380 亿 t(油当量)(祝有海等,2021),资源含量极大,具有较高的研究、开发价值。

从 2002 年开始,中国地质调查局先后划定了青藏高原羌塘盆地、祁连山地区、漠河盆地等作为天然气水合物潜力区。2008 年 11 月,在青海省祁连山木里盆地聚乎更煤矿区成功获得天然气水合物实物样品(许红等,2003)。这是我国第一次在陆域上找到的天然气水合物样品,证明了我国陆域天然气水合物资源的存在,并且也是世界上首次在中低纬度高原冻土区发现天然气水合物。木里冻土地区天然气水合物的烃类气体以油型气为主,浅部混有少量煤成气;石炭系腐泥型烃源岩和下二叠统草地沟组暗色灰岩是木里坳陷烃类气体的主要烃源岩层,侏罗系烃源岩贡献较小。

我国青藏高原多年冻土区是否存在天然气水合物一直备受关注,这是因为截至目前,除了在祁连山冻土区发现了天然气水合物之外,青藏高原多年冻土区一直没有发现存在天然气水合物的证据。2013 年,中国科学院寒区旱区环境与工程研究所在昆仑山垭口盆地多年冻土区开展了钻探,结果发现在 250m 以下多个深度岩层存在大量气体释放异常,甲烷气体浓度为 22%～32%。该地区具有天然气水合物分解间歇性释放的特征,结合地球物测井异常、自生矿物异常等勘探结果可以认为该地区存在天然气水合物。从钻探岩芯采集烃类气体含量和同位素特征来看,天然气水合物主要是以甲烷气体为主,在 250m 以下甲烷气体含量分布层位明显增多、增大。碳同位素分析结果表明,垭口盆地天然气属于热成因和微生物成因的混合成因,这可能主要是地层深部气体迁移的结果。根据测井、钻孔测温和实测气体组分以及实测岩芯密度等结果,研究人员推算出天然水合物的稳定带底界埋深约为 510m(黎永发,2016)。

大兴安岭是我国北部多年冻土的主要分布区,并且与已经发现天然气水合物并进行开采或试开采的西伯利亚 Messoyakha、阿拉斯加北部 Prudhoe 湾和加拿大北部 Beaufort-Mackenzie 盆地同属高纬度冻土,但目前仍未发现天然气水合物。张富贵等(2018)研究了漠河多年冻土区的岩芯吸附烃、泉水中的溶解烃分析结果以及相关地质调查研究报告,认为该区域具有天然气水合物形成的良好条件及巨大成藏潜力,不过目前仍未取得实际可证明天然气水合物存在的岩芯样品,仍需做大量的探测工作。

我国海域天然气水合物主要存在于南海和东海海域。在南海海域,已经探索出的天然气水合物 BSR 面积达到 12.58 万 km^2,并且水合物稳定存在层厚达 47～289m,天然气水合物资源量可达 69 万亿 m^3。而相比之下,东海天然气水合物资源量相对贫瘠,BSR 面积为

$5250km^2$，水合物稳定存在层厚为 $50\sim491.7m$，水合物总量为 0.353 万亿 m^3。

与天然气水合物研究技术先进国家相比，我国的海域天然气水合物研究探索工作起步较晚，直到 20 世纪 90 年代才在南海北部陆坡区海域开展了系统性调查研究。1999 年 10 月，广州海洋地质调查局在神狐海域等有关地区发现了重要的天然气水合物存在的地球物理标志——水合物模拟海底反射及其他异常标志，显示出了良好的寻找天然气水合物的前景。2004 年，中国和德国合作在南海开展了天然气水合物的勘探，综合采样和现场试验分析结果证实南海北部路坡浅表层可能存在天然气水合物。2007 年 5 月，中国地质调查局在神狐海域正式采集到天然气水合物的实物样品，成为继美国、日本、印度之后第 4 个通过国家级研发计划采集到天然气水合物实物样品的国家。神狐海域也成为世界上第 24 个采集到天然气水合物实物样品的地区。随后 2015 年、2016 年，我国又在神狐海域多次进行了天然气水合物取样，取得了大量的水合物样品并进行了深入详尽的分析。系列开采研究结果表明，神狐海域水合物气体既有海底沉积物中微生物作用成烃的微生物成因气，又有深部有机质热解成烃的热解气。GMGS3 钻探区水合物分布面积约 $128km^2$，预测资源量超过 1500 亿 m^3，这为神狐海域天然气水合物的开发、试采奠定了坚实的基础。2017 年 3 月 28 日，我国海域天然气水合物第一口试采井在神狐海域开钻，5 月 10 日 14 时 52 分点火成功，从水深 $1266m$ 海底以下 $203\sim277m$ 的天然气水合物矿藏内开采出天然气，至 7 月 9 日试采连续产气 60d，累计产气量超 30.9 万 m^3，全面完成试采试验和科学测试目标，试采取得圆满成功。至此，我国天然气水合物开发进入到了一个新阶段。我国科研人员在东海海域也进行了天然气水合物的勘探工作，并在冲绳海槽区域内发现了与天然气水合物有关的 BSR 标志。后来也有相关的勘探研究，不过仍未找到天然气水合物的实际样品。陈建文根据已有资料和前人研究成果分析了冲绳海槽的区域地质背景和天然气水合物调查研究现状，认为该区域天然气水合物资源量为 24 万亿 m^3，具有较大的资源开发潜力。

天然气水合物作为一种重要的非常规能源，是一类能量密度高、储存量大的清洁能源，可以作为石油、煤炭等传统能源的替代能源，对于我国能源安全具有十分重要的意义。我国天然气水合物资源十分丰富，特别是南海海域储量极大，因此我国对其研究、勘探格外重视。随着神狐海域天然气水合物试采成功，我国在天然气水合物研究方面终于实现了由追赶欧美到超越欧美的跨越式进步。此次工业实践对我国天然气水合物的科学认识具有十分重要的促进作用，并揭开了天然气水合物的商业化开采序幕，相信在近 10 年内，我国天然气水合物的商业化开采即将实现，这将极大地缓解我国能源安全问题。

第二章　国内外天然气水合物保压取芯钻具及岩芯后处理系统研究现状

随着人类社会的快速发展，能源消费日益增长，能源短缺问题成为了制约全球经济发展的重要因素。因此，寻找清洁、可再生资源是全社会密切关注的问题，也被各个国家纳入了战略性计划，天然气水合物以清洁、能源密度高、能源储量大等特点成为了潜在的替代能源。目前，世界各国都对天然气水合物的勘探开发进行了大量的研究和现场试验。

天然气水合物是烃类气体分子与水在高压低温环境下形成的，因为外表似冰，可以燃烧，俗称"可燃冰"。天然气水合物在常温常压下会发生分解，析出水，释放碳氢气体，$1m^3$的天然气水合物在常温常压下可释放出$164m^3$的天然气和$0.8m^3$的水。地球上天然气水合物的储藏量非常丰富，大部分分布在海洋500m以下，有少量分布在陆地上的冻结岩层。研究表明，我国的近海海域和永久冻土层地区都埋藏着丰富的天然气水合物资源。海域的天然气水合物资源主要分布在南海及邻近海域、东海及邻近海域、台湾海域，冻土带的天然气水合物资源主要分布在青藏高原和东北冻土带。

现阶段对天然气水合物保真取样技术的开发，可以对天然气水合物的物理化学性质有更进一步的研究。涉及沉积物中天然气水合物的形成和分解的动力学控制和强化理论，以及多组分、多相天然气水合物基础物性规律和海区基础数据等问题，天然气水合物保真岩芯样品的检测分析成为了连接水合物资源勘探与开发利用的桥梁。对天然气水合物保真取样样品的物理化学性质研究可反映水合物开采目标区的储层特征和水合物赋存情况，对于天然气水合物开采技术研究具有重要的意义。天然气水合物保真岩芯、样品的保压在线检测，为天然气水合物岩芯、样品转移及样品分析提供判定条件和基础数据支持。

在沉积物水合物的研究过程中，由于水合物的形成和分解是在沉积物中进行的，不能直接观察到水合物的变化，因此需要特定的测试技术来测定水合物形成和分解过程的变化。天然气水合物研究最终的目的是生产开采，而面临的问题是开采会影响海底地层中水合物稳定性，进而改变井壁周围水合物所赋存地层的物理力学性质，可能引起附近海底及海底以下地层中地质和生态环境的动态变化，甚至诱发海底滑坡及大陆边缘坍塌等复杂情况，因此要准确掌握水合物的地层孔隙度、水合物饱和度和各种物理力学性质等参数。要想准确获得这些参数，在现有技术条件下最有效的方法是通过钻井取芯进而获取水合物的地层岩芯，再对其物理化学及力学性质进行测试与分析。研究表明，在众多的测井方法中，电阻率和声波速度可以有效地识别水合物储层，且电阻率测井和声波速度测井对水合物饱和度最为敏感。

第一节　国外研究现状

国际上对海底沉积物的采样研究在 20 世纪中期就开始了，主要包括实验室研究和现场岩芯测试分析。人工合成的水合物和天然水合物岩芯差别很大，想得到更为准确的水合物测试参数，还要对天然水合物岩芯进行分析。由于天然气水合物稳定条件较为苛刻，水合物分解会对天然岩芯的物理特性造成巨大的影响。

日本国家先进工业科学与技术水合物研究中心 Hiroyuki Oyama 教授等对在郁龙盆地得到的含天然气水合物岩芯进行了原位降压分解试验，发现天然岩芯相比实验室内人工合成的模拟岩芯具有更低的渗透率，因此水合物降压分解过程相对缓慢，整个历程主要受到储层显热的控制和驱动。

为了获得天然气水合物保真岩芯，最早由美国开发的压力岩芯取芯器（PCS）在国际大洋钻探计划（ODP）、国际深海钻探计划（DSDP）等大洋钻探计划中得到应用，但此装置无法对温度进行控制，不能实现岩芯的切割转移，因此在在线检测方面受到了很大的限制。

压力岩芯取样器（PTCS）系统是 1998—2003 年为 JOGMEC 设计和生产的，它基于球阀技术在特殊的大口径钻杆和 BHA 中运行。该取样器是一种旋转取芯系统，可使用电缆进行部署和取回，于 2004 年 3 月至 4 月在日本海上作业中成功回收了含甲烷水合物的岩芯，是截至该时间最成功的压力取样工具。

高压温度取样器（HPTC）系统是根据美国雪佛龙公司与 GoM JIP 签订的合同，为美国能源部开发。HPTC 是以 PTCS 系统为基础进行设计的，但经过了改进，具有将压力下的岩芯转移到 Geotek 压力岩芯分析和转移系统（PCATS）的能力，但它仍然需要特殊的大口径钻杆或用作钻杆的套管以及特殊的 BHA 组件。

一、压力岩芯分析系统（IPTC）

美国佐治亚理工大学自主开发了压力岩芯分析系统，对天然气水合物保真岩芯进行了基础物性分析和孔隙结构特性分析，实现了对天然气水合物保真岩芯的空隙结构可视化及水合物空间分布的准确判断。

IPTC 是在压力岩芯表征工具（PCCT）中开发的第一款压力核心特征描述设备，由不锈钢压力室组成，整体呈空心圆柱状，两端有法兰盘结构，可通过快速接头与前、后端的岩芯转移和存储装置形成密闭连接，保证样品测试过程中的快速转移以及维持温度和压力的平衡。压力室带有端口，可通往沉积物岩芯，内径可通过压力取芯系统回收压力岩芯，并借助辅助管旋转岩芯。反应釜侧壁上沿轴向依次等间距布置有钻孔、P 波测试、电阻率测试和强度测试 4 个功能点，同一功能点沿周向 180°相对布置，可连接 8 个钻进和功能测试装置，如图 2-1 所示。钻进或功能测试装置与反应釜之间采用带丝扣的连接件实现密封连接。

第二章 国内外天然气水合物保压取芯钻具及岩芯后处理系统研究现状

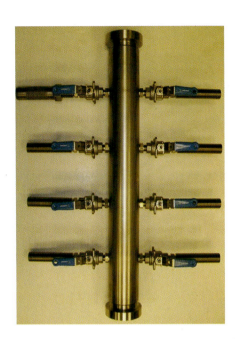
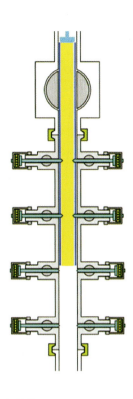

图2-1 IPTC测试单元实物与结构

具体测试过程中,岩芯在夹持系统的推动下由转移腔体缓慢进入测试腔体当中。当岩芯推送到一定位置时,通过人工旋转位于最前端的钻进装置,可钻透保护岩芯用的衬管,形成钻孔,随后退出。根据各功能点之间的间距,将岩芯继续推送相应的距离,重复上述的钻孔—退出过程,可在衬管上钻出第二个钻孔。随后依次在岩芯衬管上形成与功能点位置所对应的4个钻孔点,以便于相应位置的功能测试装置插入样品内部进行测试,测试探头如图2-2、图2-3所示。

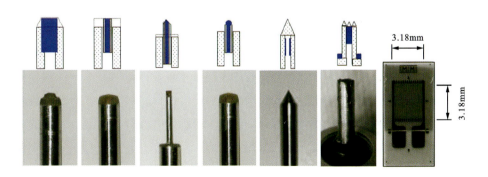

图2-2 IPTC测试端口实物与结构

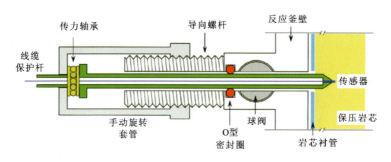

图 2-3 探杆结构示意图

具体功能测试过程：首先打开球阀旋钮，形成钻头或传感器运动通道。随后旋转手动套筒，使其顺着导向螺纹的引导逐步向反应釜侧壁运动。手动套管逐步向反应釜壁运动的过程当中，通过端部的滚动轴承将驱动力传递至细长杆状钻头或探头上。细长杆状钻头或探头穿过球阀空间直至与试样内部发生接触，随后进行后续的各功能参数测试。全程由密封 O 型圈保证钻头或探头运动过程中的动态密封。

二、压力岩芯表征工具（PCCT）

美国地质调查局和佐治亚理工学院的两个科学家小组成功开发了在现场条件下分析压力岩芯系统的压力岩芯表征工具。PCCT 系统是在原有样品检测系统 IPTC 的基础上发展而来的天然气水合物分析设备，它的最高耐压为 35MPa，可操作的样品长度为 1.2m。该系统兼容性较好，可与现有的美国及日本保压取样器配合使用，也可与 PACTS 系统配合使用，通过将取样器或子样品转移筒与保压转移装置本体对接，两端压力相等后再打开球阀进行抓取、移动、切割等操作。不同之处在于 PCCT 系统切割机构位于两球阀之间。PCCT 由 7 个部分组成，分别是便携式操作器（MAN）、岩芯切割工具（CUT）、带压测试室（IPTC）、有效应力室（ESC）、可控降压室（CDP）、直接剪切室（DSC）、生物培育试验室（BIO）。

便携式操作器（MAN）是一种纵向定位系统，用于在所需的 p-T 条件下沿互连的腔室和阀门抓取与移动岩芯，图 2-4 显示了将样品从储藏室中取出放到 MAN 中，然后将岩芯放到测试室中的典型操作顺序。

有效应力室（ESC）（图 2-5）内，样品被限制在柔性膜中，并承受 0～3MPa 的有效应力，这相当于上覆沉积物的重量在现场产生的应力，可测量小应变刚度、可压缩性、水力传导率、解离后的体积收缩和水合物饱和度。

直接剪切室（DSC）（图 2-6）用于测量水合物分解前后原位有效应力 0～3MPa 下的样品可压缩性和剪切强度。此外，DSC 在整个加载、剪切和解离过程中都可收集 P 波速度和温度数据，还可分析 DSC 数据以研究解离时的蠕变和体积压缩。

生物培育试验室（BIO）（图 2-7）用于收集多个子样品并将其转移到生物反应器中，而不会污染它们，同时保持压力和温度条件以确保水合物的稳定性。它使用高压注射器将

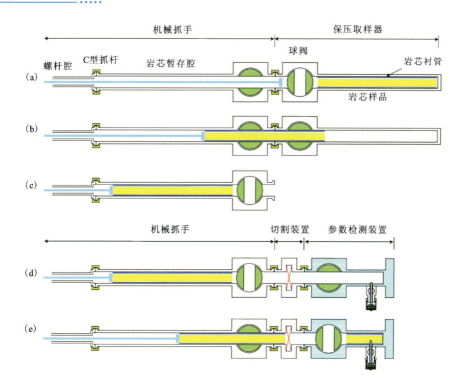

图 2-4 压力岩芯操作顺序过程图

(a)MAN 与存储室连接,并且在打开球阀之前,流体压力等于目标压力 p_0;(b)MAN 捕获芯子并将其转移到临时存储室;(c)关闭球阀,并分离减压储藏室;(d)选定的表征工具与 MAN 相连,并加压到 p_0;(e)打开球阀,并将阀芯推入特性分析工具中

用于微生物的营养物注入生物反应器中,进行细胞计数,并研究降压速率对采样后生物活性的影响。

图 2-5 有效应力室

图 2-6 直接剪切室

图 2-7 生物培育实验室

三、压力岩芯在线检测系统(PCATS)

德国 Geotek 公司开发的压力岩芯在线检测系统可以实现对保真岩芯的 P 波波速、X 射线 CT 成像和伽马密度进行测量,并且具备切割装置对目标岩芯进行切割保存的功能。它可通过 P 波波速和伽马密度数据的对比,实现对水合物存在情况的初步判定,再通过 X 射线 CT 测量对水合物可能存在区域进一步确认,并得到岩芯的骨架结构。

PCATS 装置由 3 个集装箱部分组成,当将岩芯从兼容的压力岩芯高压灭菌器中取出时,可以对岩芯进行无损测量。图 2-8 展示了 3 个集装箱系统,左边为操作控制箱,通过海水和淡水可以实现对岩芯样品的温度和压力控制,并控制岩芯位移;中间为切割测量箱,可以旋转、剪切岩芯,对岩芯进行参数测试;右边为低温储存箱,用于低温储藏多个子样品的转移筒。

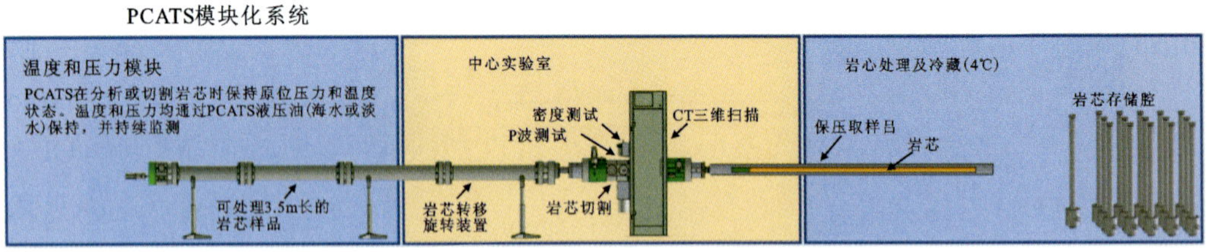

图 2-8 PCATS 系统装置

PCATS 系统可以实现以下功能:

(1)岩芯转移和质量检测。检查是否存在岩芯和岩芯的质量,转移岩芯,岩芯管返回钻机,进行低精度的 X 射线扫描。

(2)地球物理分析。可以进行一维的伽马密度和纵波速度测量及二维的 X 射线线性扫描。一维和二维数据集来自黏土中含粉质水合物层的压力岩芯,还可以进行三维的 X 射线计算机断层扫描。

(3)降压实验。采用可选的第三部分设备监测现场样品,水合物定量的"金标准"是气体收集和质量平衡。

(4)三轴试验。可对没有降过压的岩芯样品进行标准的三轴试验。

(5)岩芯转移与储存。可以将塑料衬里的芯线切成所需的多个部分,切割小至 5cm 的切片并将其转移到存储或测试设备中。岩芯从取样到分配至子样品筒储存的步骤如图 2-9 所示。

PCATS 可与 Fugro 的冲击式取样器(FPC&FRPC)、Aumann 的 HPTC 以及 Hybird 的 PCS 兼容,最大岩芯长度为 3.5m,最大压力为 35MPa,工作温度范围为 4~30℃,系统总长度为 18.3m,质量约 24t。在印度近海已经完成了海上生产试验,成功地进行了天然气水合物的带压参数测试和样品的带压转移与储存。

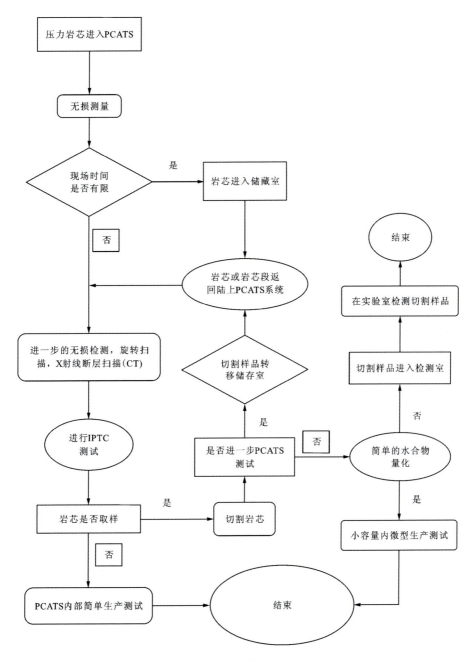

图 2-9 岩芯转移、检测、储存流程图

四、HYACE 和 HYACINTH

欧盟开发了水合物岩芯取样及检测装置(HYACE),该装置具有保真功能,能够将天然岩芯无损转移至保压筒内供实验室进一步分析研究。该系统有两种取样器,即冲击式取样器(FPC)和旋转式取样器(HRC),如图2-10所示。这两种取样器一个为振动取样,另一个为旋转取样,但是取得的都是柱状样品,为了扩大所获取样品直径都不用球阀密封,而改用片状阀密封,并且都与同一保压转移装置对接。

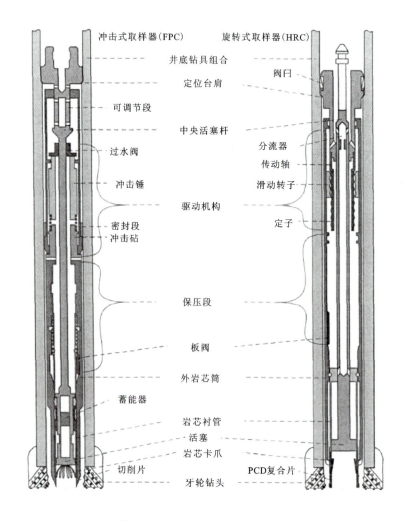

图2-10 HYACE的两种取样器

基于 HYACE 系统,HYACINTH 系统应用 HYACE 的取样器,包含带压转移系统(图2-11),抓取岩芯腔体与其他腔体不用螺纹或者法兰连接,在安装和拆卸的过程中能节省很多时间。样品转移系统所有需要保压的子样品腔均带有一个直径65mm的球阀,通过球阀隔绝与装置其他腔体间的压力。考虑安全因素,在所有腔体上都安装有安全阀,与 PCATS 装置类似,HYACINTH 装置也有一个抓手,将样品管抓牢后移动至指定位置,一个切割机构用于切割指定长度的子样品,在进行岩芯后处理操作时将取样器或子样品转移筒与保压转移装置本体先对接,两端压力平衡后打开球阀,进行下一步操作。

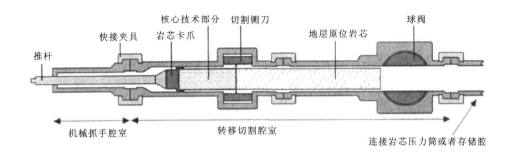

图 2-11 HYACINTH 样品转移系统

该装置的子样品转移筒结构较为简单,一端密封,另一端为球阀。筒体的材料为不锈钢或铝合金,可用于伽马射线的测量。当筒体为铅合金时,还可用于 X 射线的三维扫描。HYACINTH 装置曾用于 ODP Leg 204 项目检验,取得了海平面以下 785~1533m 之间的天然气水合物样品,并首次实现了在原位压力下于实验室内测量海底天然气水合物的物理性质,这些数据有效地帮助科学家增进对美国俄勒冈州海域下的天然气水合物特性及分布的理解。

岩芯转移操作过程可分为 8 个阶段,图 2-12 展示了每个阶段的装置状态。

第二节 国内研究现状

中国对深海沉积物及天然气水合物的取样、分析工作晚于其他国家,直到 21 世纪初才研发装备了一批天然气水合物取样及研究设备。海底天然气水合物保真取样器通过近 10 年的研制已经基本成型,取样深度、样品长度、保压指标屡创新高。在样品转移方面通常做法是降压转移,这种做法会使得沉积物样品含有的水合物在压力降低的情况下析出,影响后续实验室后处理的判别效果。

近年来,我国在南海、祁连山冻土区等地进行了水合物钻探取芯工作,获取了一些保压和非保压水合物岩芯。基于这些获得的天然岩芯样品,青岛海洋地质研究所在实验室内进行了综合分析,包括粒度分析、拉曼光谱分析、气相色谱分析、同位素分析等,获取了天然岩芯中沉积物的粒度分布、组成成分、水合物的结构类型等一系列的参数。青岛海洋地质调查局还独立研发并应用了弯曲元技术,依托该技术对天然气水合物岩芯纵波速度和横波速度同时进行测量,并将该技术成功应用于南海水合物沉积物岩芯测量,获取岩芯的纵波速度与横波速度数据。

一、大连理工大学天然气水合物声波检测系统

大连理工大学设计的天然气水合物声波检测系统如图 2-13 所示。该系统主要包括六

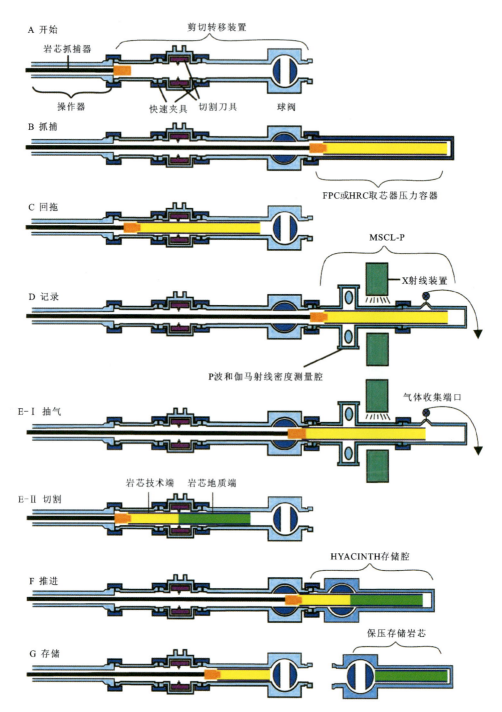

图 2-12 HYACINTH 岩芯转移操作示意图

A. 岩芯剪切转移装置内部增压后的"开始"状态;B. 取芯装置与岩芯剪切转移装置相连后的"抓捕"状态;C. 岩芯从取芯装置中移出的"回拖"状态;D. 利用压力多传感器岩芯记录仪(MSCL-P)与 X 射线系统测试岩芯的"记录"状态;E-Ⅰ. 收集岩芯中气体的"抽气"状态;E-Ⅱ. 切割刀具处理岩芯的"切割"状态;F. 推送岩芯至存储装置的"推进"状态;G. 操纵杆回拖,关闭球阀,转移岩芯至存储腔的"存储"状态部分:水合物生成反应釜、轴向加压系统、天然气水合物双泵连续流动系统、温度压力检测系统、声波检测系统及实验数据采集系统。研究人员分别进行了室内人工合成水合物的声波检测和海上声波检测标定试验,以及水合物样品船载实验分析,该系统能快速证实样品中水合物的存在性。此外,试验时对样品成果进行了保压,一部分用高压保压筒直接保存,另一部分进行现场处理,包括声波检测、气象色谱分析、电阻率测量、氯离子浓度测量、红外摄像、样品孔隙水提取、结合测井孔隙度计算水合物饱和度等。

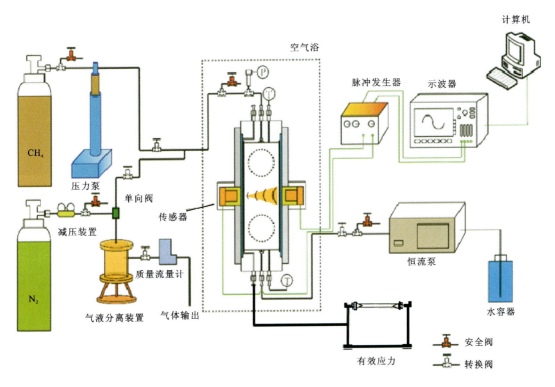

图 2-13 大连理工大学天然气水合物声波检测系统

大连理工大学在进行海上生产试验选择南海水合物勘探区的两个点开展保压取样工作,水深在 800～3000m 之间,使用的样品保压转移和检测装置包括转移筒、切割装置、声波检测装置、样品保压筒、二次转移装置、加压稳压系统和测控与显示单元等,对南海天然气水合沉积物进行了基础物性分析,包括天然岩芯样品 CT 检测、粒径检测、液塑性检测和分析等(图 2-14)。

二、浙江大学天然气水合物转移装置压力维持系统

浙江大学设计了天然气水合物转移装置压力维持系统,在维持天然气水合物稳定方面作了很多的研究。结合天然气水合物保压转移装置需全程维持原位高压的要求,设计压力

图 2-14　大连理工大学天然气水合物样品保压转移及保真样品检测装置现场

维持方案,实现高压环境;针对保压转移装置在抓取、切割、转移样品等过程中存在压力冲击和压力脉动的现象,维持压力稳定。如图 2-15 所示,该装置由驱动电机、样品抓取及推送单元、切割及卡紧单元、球阀、声波检测单元、保压取样器依次连接而成,主要是解决天然气水合物从调查船到实验室之间不得不卸压转移的问题。

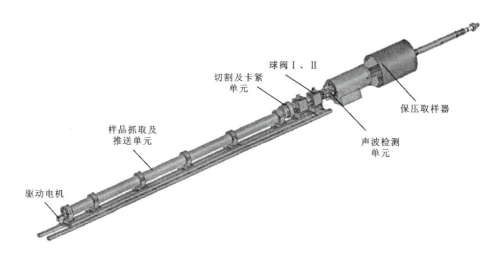

图 2-15　浙江大学天然气水合物转移装置结构图

结合蓄能器保压回路和高压泵溢流保压回路压力维持的特点,设计出压力维持系统,如图 2-16 所示。该系统运作的介质为海水,系统工作压力为 20MPa。手动打压泵用于给天然气水合物保压取样器顶端加压,利用压差推动内部的样品管移动并脱扣,从而可抓取并移动样品管;排气口1、2用于排出天然气水合物转移装置内部的空气;球阀1用于将保压取样器的顶端与腔体相连通,球阀2用于控制高压泵与天然气水合物转移装置间管路的通断,球阀3用于控制与球阀5、6间连通器结构相连管路的通断,球阀4用于维持取样器腔体内的压力稳定,球阀5、6用于控制取样器与天然气水合物转移装置间的通断;高压泵用于为压力维持系统提供动力源;气囊式蓄能器用于补充天然气水合物转移装置的泄漏并吸收压力冲击和脉动;压力表和压力传感器用于监测和记录。

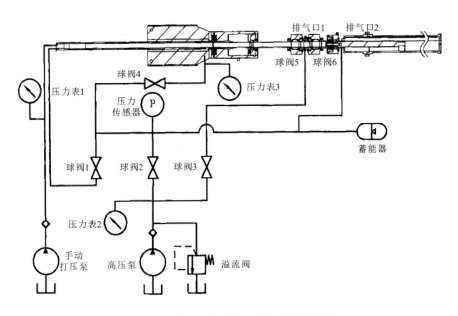

图2-16 浙江大学的压力维持系统原理图

此外,中国石油大学(北京)开发了水合物岩芯声学检测装置,实现对人工合成天然气水合物岩芯的P波检测,获得了声波响应信号随水合物饱和度变化的规律。中国科学院广州能源研究所对实验室内合成的天然气水合物岩芯声学特性进行了测试,对比了水合物一次生成和二次生成的声学特性。

总体来说,天然气水合物岩芯样品的测试分析是解释水合物分解动力学、多相渗流和地层变形等相关开采调控机理的关键所在,已成为世界各国争相研究的热点前沿;研究趋势由实验室内对人工合成水合物岩芯样品或重塑自然水合物岩芯样品的测试分析发展为对水合物保压岩芯样品的现场综合测试分析;美国、德国等少数发达国家和地区已成功研制出了水合物保真岩芯样品后处理和现场测试分析装置并在生产现场应用;我国主要针对天然气水合物岩芯检测技术开展了相关实验室内的研究,少数单位开始尝试研究水合物岩芯样品现场测试分析技术,与发达国家相比仍有较大差距,急需研发具有自主知识产权的水合物保真岩芯样品现场综合测试分析系统。

第三节　天然气水合物参数测试响应机理

一、声波速度测试响应机理

超声波由于频率高、波长短的特点,具有很强的穿透能力,在介质中能量的损失很小。如果质点振动方向与波的传播方向一致,则此种声波称为纵波,能够传播纵波的介质一般具有能够承受拉伸或压缩应力的性质。当质点受到交变的切应力时产生切向形变,那么此时就会形成横波,横波能够在固相中传播,不能在液相和气相中传播。

纯的天然气水合物是一种白色冰状化合物,其纵波波速范围为 3.30~3.60km/s;水是一种液态物质,其纵波波速为 1.60km/s。岩石的岩性、孔隙中流体的性质及压力、孔隙度的大小、岩层的深度等都会对声波波速产生一定的影响。因此,在其他条件均相同的情况下,含水的岩层声波速度值一般低于含水合物岩层的声波速度值。测量岩芯样品的横波和纵波速度使用的方法大多是传统超声波探测技术,该方法也经常被用于测量松散沉积物中水合物的纵波速度。

天然气水合物在液体介质中的形成和分解过程是一个相变过程,而发生相变的过程中介质可作为悬浮液处理。已有研究表明,声波通过周期性多层介质系统会表现出明显的频率通带和禁带特性,即有些频率的声波能够完全通过,而有些频率的声波则不能通过。根据天然气水合物的物理性质,选择合适的发射频率能保证正常接收回波信号。

利用逆压电效应原理,压电陶瓷材料可作为纵波传感器的核心组成构件(图 2-17)。压电陶瓷由于内部晶格结构缺陷或不对称分布,在受力变形过程中会产生相应的电势差。反之,当压电陶瓷材料受到相应的电荷时,也会引起对应的荷载变形。因此,采用压电陶瓷构

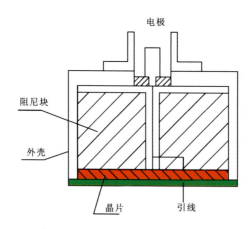

图 2-17　纵波传感器探头结构组成

成的纵波传感器可以分别发射和接收纵波振动。对获得的发射和接收采集信号进行分析，超声波的传播距离，也就是试验样品的长度 L 已知，只需要知道超声波在样品中的传播时间 t，就可以获得超声波的波速 v。

二、电阻率测试响应机理

在对地层天然气水合物储层评价过程中，电阻率测井方法可以准确地识别天然气水合物储层。储层中孔隙水的矿化度及其含量是决定储层电阻率高低的主要因素。纯的天然气水合物电阻率值都很高（如甲烷水合物电阻率值高达 $5000\Omega \cdot m$），可近似看成是绝缘的。当水合物赋存于地层中时，地层的电阻率相对上、下围岩会出现明显的异常，前者一般为后者的几倍甚至几十倍。

电阻率还可以用来评估天然气水合物储层的饱和度。含水合物储层电阻率值一般会随储层的孔隙度大小、水合物的含量多少、水合物的赋存状态和储层的岩性的不同而发生变化。在测井资料处理中，经常用阿尔奇公式来反映电阻率曲线和储层介质中流体饱和度之间的关系，但是阿尔奇公式有一定的适用条件，只适用于高孔隙度的纯砂岩储层。因此用等效介质理论表征多相介质在宏观上电性特征，可解决阿尔奇公式估算水合物饱和度的适用性问题。

利用电阻传感器将所要测的物理量的变化转化为电阻值的变化，再经过相应的测量电路来计算和记录电阻值的变化，从而反映出具体问题的参数变化（如地层岩性的变化）。设计电阻传感器，采用一对由可导电材料构成的电阻率传感器就可以监测到探头间试样的电势差，同时根据测试线缆中所施加的电流值，结合欧姆定律即可测试出探头间试样的电阻率值。

三、剪切强度测试响应机理

利用孔压静力触探（CPTU）数据可解译黏性土的不排水抗剪强度，因此对在天然气水合物中刚取样的岩芯，在还没有带压转移之前，可用静力触探进行原位测试。孔压静力触探试验是一种速度快、精度高、再现性好的原位测试方法。该试验是借助机械将一定规格的圆锥形探头匀速压入土中，并测定锥尖阻力、侧壁摩阻力、孔隙水压力等参数的测试方法。

通过试验得出的黏性土不排水抗剪强度与 CPTU 净锥尖阻力 q 均有非常好的线性相关性，经过对比，抗剪强度 S_u 与 CPTU 净锥尖阻力 q 满足关系式 $S_u = q/N_{kt}$。对于不同试验得出的抗剪强度，需要采用不同的系数 N_{kt} 进行换算：直接快剪试验的系数为 19.9；固结快剪试验的系数为 17.9；不固结不排水三轴剪切试验的系数为 23.9；固结不排水三轴剪切试验的系数为 13.2；异向固结不排水三轴剪切试验的系数为 10.1；无侧限抗压强度试验的系数为 29.5；十字板剪切试验的系数为 15.5。

设计强度测试探头，探头插入岩芯内部，端面和侧面保持密封，避免测试过程的介质进入探头内。在压入头的后部安装有压力传感器,用于记录压入过程中的端部阻力。根据压入探头的几何尺寸分布和压入过程中的阻力监测数据,结合相应的系数,便可计算得出探头压入过程中的应力变化情况,应力最大值或特定位移所对应的应力值即为试样的强度。

四、γ射线密度测试响应机理

相关研究表明,地层中天然气水合物在形成过程中,大量的烃类气体分子和水分子会使得放射性元素的沉积受到一定的影响,导致其含量变少。一般含水合物泥岩储层的自然伽马值高于含水合物的砂岩储层,这主要是与水合物储层的岩性相关。

含天然气水合物储层的自然伽马测井有所降低,一般来说,沉积物中自然伽马射线谱的强度与土壤含量有关。水合物在形成时不仅从上层和下层吸收了大量的水分子,来自下层沉积物的烃类气体也导致每单位体积沉积物的黏土含量相对降低,使自然伽马值降低。

"十四五"规划提出要"瞄准人工智能、量子信息、集成电路、生命健康、脑科学、生物育种、航天科技、深地深海等前沿领域,实施一批具有前瞻性、战略性的国家重大科技项目"。这就要求我们要加大深部资源探测核心装备的自主研发,打破国外技术垄断。在21世纪新能源的主题下,我国需要进一步加大天然气水合物资源的勘察开发力度,加快科学理论的突破和技术装备的研发,实现天然气水合物资源的利用,系统开展技术示范工作,确保产气量的长期性和经济性、环境和灾害可控性、装备可靠性,形成可指导我国水合物产业化实施的勘查开发规范标准、自主的技术装备等。

在国外技术的引导下,我们应积极学习大连理工大学和浙江大学的海上生产试验研究,引进、消化吸收合作方的先进技术,遵循多学科交叉的思路,掌握压力岩芯参数测试各个过程中的测试原理,进行取样钻具及后处理系统的总体方案设计,综合应用理论分析与计算、实验测试、建模和数值模拟分析相结合的方法开展技术研发,完善实验装置,优化结构参数,研制出高可靠性、高保真取样钻具及样品转移、切割、测试一体化系统。

第三章　液压驱动连杆关闭球阀式天然气水合物保压取芯钻具

天然气水合物保真取芯钻具是研究、勘探开发天然气水合物不可或缺的基础装备。天然气水合物只能稳定存在于低温高压环境中,当岩芯提升到常温常压环境时,天然气水合物会发生分解,因此采用常规取芯钻具无法获取原状岩芯样品。为了获取原状水合物样品,各国科学家们竞相研制性能可靠的天然气水合物保真取芯钻具及后处理装置。

国外目前使用的天然气水合物保压取芯钻具主要有国际大洋钻探计划(ODP)采用的活塞取芯钻具(APC)、日本研制的压力岩芯取样器(PTCS)、国际深海钻探计划(DSDP)采用的保压取样筒(PCB)。国内外还有一些用于常规石油天然气取芯的压力密闭取芯钻具可直接用于水合物的保压取芯,如 ESSO-PCB、美国克里斯坦森保压密闭取芯工具(PCBBL)、Christensen-PCB。各取芯钻具主要技术指标如表 3-1 所示。

表 3-1　国外取芯钻具及技术指标

取样器	主要技术指标	取芯历史
ODP-APC	①可为振动式、液压式活塞取芯器; ②取芯深度为 250mm,取芯外管的内径为 86mm,取芯长度最大为 9.5m; ③取芯最高压力为 14.4MPa; ④工作温度为 -20~100℃; ⑤在取活塞式岩芯的同时就开始测量温度,除了取芯的必需时间外,需要的时间很少; ⑥受到深度限制,一般为 120~150m; ⑦主要用于海底沉积土样、非专门的水合物取样(关进安等,2019)。	ODP 必备取样器,各航次都有使用,曾回收到水合物样品
ODP-PCS	①自由下落式展开,液压驱动,绳索提取; ②岩芯室长 1.8mm,直径 92.2mm,可取到长 86cm、直径 42mm 的芯样; ③保持压力 70MPa; ④工作温度 -17.78~-26.67℃; ⑤可与 APC/XCBBHA 联合使用(关进安等,2019)	在 ODP 124、139、141、146、164、196 等航次中使用,取样长度为 0~0.86m,保持压力为 0~50MPa

续表 3-1

取样器	主要技术指标	取芯历史
欧盟 FPC、HRC	①通过液压循环产生的锤击驱动岩芯筒进入到沉积物层,由于锤击很快,在沉积物中像是挤岩芯; ②通过绳索下入和回收,回收 1m 长的沉积物岩芯; ③采用高压釜保压(马小飞等,2011)	在 ODP Leg 194、201、204 等航次中使用 3 次,成功保压取芯,平均采心率 38%
DSDP-PCB	①机械式驱动,绳索提取; ②可取长 6m、直径 57.8mm 的保压岩芯; ③工作压力不大于 35MPa; ④工作水深小于 6100m; ⑤不打开岩芯筒可测量岩样的压力温度; ⑥使用频率受球阀的限制(调整需要 2~5h); ⑦只能与 RCB BHA 联合使用(Nanda et al.,2019;萧惠中和张振,2021)	DSDP Leg42、62、76 等航次中使用
日本 PTCS	①绳索下放、回收式内岩芯管; ②钻头直径 66.7mm,可取岩芯直径 66mm,取芯长度 3m; ③保压系统压力为 30MPa,利用氮气蓄能器控制压力; ④采用绝热型内管和热电式内管冷却方式; ⑤采用 219.1mm 钻铤和 168.3mm 钻杆(付强等,2020;张洪涛等,2014)	在马更些三角洲、石油公司柏崎试验场、"南海槽"海洋探井(采心率 37%~47%)中使用
ESSO-PCB	①岩芯直径为 66mm; ②钻具外径 152.4mm,总长 5.82m; ③可适当补偿岩芯管的体积和容积(陈强等,2020;赵克斌等,2021)	未见水合物取芯报道
Christensen-PCB	①岩芯直径 63.5mm; ②保持压力 70MPa; ③取芯长度 10m(赵克斌等,2021;刘建辉,2021)	未见水合物取芯报道
美国 PCB-BL	①岩芯直径 63.5mm; ②保持压力 53MPa; ③取芯长度 6m(赵克斌等,2021;于兴河等,2014)	未见水合物取芯报道

PTCS 由日本石油公司石油开发技术中心委托美国 Aumann & Associates 公司进行设计、制造。该取芯钻具盛放岩芯的内筒由电缆送入,通过 ϕ168.3mm 钻杆,由球阀机构维持井下压力,利用珀耳帖效应,通过电池动力驱动的热电冷却装置维持井下温度。内筒是绝缘的,利于热电冷却装置发挥冷却作用。它的保温功能主要通过在岩芯衬管和内管之间增加保温材料和注入液态氮并在钻进过程中配合钻井液冷却装置和低温钻井液来实现。当取芯筒到达地面,将其放入特殊设计的装置中,样品的温度可被冷却至 5℃ 或更低。

第三章　液压驱动连杆关闭球阀式天然气水合物保压取芯钻具

DSDP-PCB 是深海钻探计划使用的保压取样筒，它与 ESSO-PCB、Christensen-PCB、美国 PCB-BL、大庆 MY2215 取芯钻具的整体结构基本相同，都采用双管单动式取芯筒，但 DSDP-PCB 是通过绳索直接提放内取芯管，而其他几种取芯筒必须通过提钻提取。

ODP-PCS 由 Pettigrew 设计，用来在 ODP 中代替 DSDP-PCB。研究 ODP-PCS 很大程度上是希望提高取芯率和维持天然气水合物样品的稳定性。该取芯钻具研制成功，被认为是在天然气水合物取芯钻具方面取得了重大突破。ODP-PCS 是一种自由下落、液压驱动、由钢丝绳提取的取芯工具，它既采用了目前油田压力取芯技术，又采用了 DSDP 的取芯技术。ODP-PCS 可以和 ODP 中使用的孔底收集管（BHA）、活塞取芯管（APC）和加长岩芯管（XCB）联合使用，这样可实现从海底松软地层到坚硬地层都能取出维持原压的样品。

我国最早由浙江大学海洋技术和工程中心及流体传动国家重点实验室开展天然气水合物保真取芯钻具研究，依托国家高技术研究发展计划（"863"计划）海洋资源开发技术重大专项研究课题"深水深孔天然气水合物保真取芯钻具研制"研制了天然气水合物保温保压活塞式取芯钻具。该取芯钻具是我国第一套自主研制的天然气水合物保真取芯钻具，于 2006 年 5 月搭载我国"海洋四号"科学考察船在南海北部海域进行海上生产试验，成功保真采集到位于水深 1940m 下的深海沉积物样品 9.15m。

该取芯钻具借鉴了传统重力活塞式取芯钻具结构，可依靠自重直接插入海底采集样品，并对样品进行保温保压处理。取芯钻具质量 1.3t，总长 11.2m，采样深度 10m，最大工作水深 3000m，主要由重力活塞式取样机构、保真腔和附件与取样接口 3 个部分组成。该取芯钻具的保温方法是采取隔热涂层实现被动式保温。

中国地质科学院勘探技术研究所承担了"863"计划海洋资源开发技术重大专项研究课题"深水深孔天然气水合物保真取芯钻具研制"，研究了绳索打捞式保真取样钻具和投球提钻式保压取样钻具，并于 2005 年 9 月 28 日至 10 月 4 日在天津市武清中信广场地热开发井中进行了保压钻进生产试验，但未进行水合物地层保压取芯试验。中国地质大学（武汉）承担了中国地质调查局项目"天然气水合物钻探技术"和"天然气水合物取样技术方案的研究"，对水合物钻探取芯规程参数及保真取芯钻具进行了研究。

我国"十一五""863"计划海洋资源开发技术重大专项研究课题"天然气水合物勘探开发关键技术"包括"天然气水合物重力活塞式保真取芯钻具研制及样品后处理技术""天然气水合物钻探取芯关键技术"两个关键项目。广州海洋地质调查局与辉固国际（香港）有限公司签订了天然气水合物钻探合同，2007 年租用该公司的工程钻探船在我国南海实施天然气水合物钻探，获取了天然气水合物实物。2009 年在青藏高原木里盆地使用大口径短回次绳索取芯钻具首次钻获冻土区天然气水合物实物样品，这标志着我国对天然气水合物取芯钻具的研究已经达到较高水平。吉林大学研制的孔底冷冻取芯装置采用单动双管投球提钻打捞，为天然气水合物取芯提供了一种新的思路。

目前，我国还没有天然气水合物保压取芯钻具的成熟产品。研究天然气水合物保压取样技术对于判断天然气水合物是否存在或存在的数量、圈定我国海域天然气水合物资源的远景区、监测和评估天然气水合物对海洋环境和海底工程的影响、预测灾害趋势、建立我国天然气水合物资源勘探开发的高新技术体系等都具有重要科学意义和必要性。

最早的科学钻探是从海上开始的。1957 年,美国加州大学 Scripps 海洋研究所的 Munk 教授和普林斯顿大学的 Hess 教授率先提出了壳/幔界线的深洋底取样计划——钻穿洋底之下约 10km 的莫霍面(据估计距深海、洋盆底部最薄的地方有 5km,最厚处至少 35km)。1961 年 4 月,CUSS I 钻探船在墨西哥湾 Guadalupe 岛海域水深 3800m 之下首次钻穿了 200m 厚的沉积物(地质时代为 2500 万年前)以及其下伏的 14m 玄武岩。但由于美国多学科研究会莫霍计划(AMSOC Mohole)耗资巨大,1966 年美国众议院拨款委员会撤销了国家科学基金会在下个财政年度对莫霍计划的拨款预算,该计划随之终止。

在莫霍计划实施期间,基于芝加哥大学学者 Emiliani 用海底长岩芯测定有孔虫壳体的氧同位素以确定海水古温度构想,1962 年 6 月美国迈阿密大学、普林斯顿大学、拉蒙特地质研究所、斯克利浦斯海洋研究所、伍兹霍尔海洋研究所等研究单位的知名学者对 Emiliani 提出的计划表示赞同并作了扩充,并将计划命名为长岩芯计划(LOCO)。

由于长岩芯计划各参加单位争夺席位的竞争十分激烈,迈阿密大学和普林斯顿大学被排斥出该计划。于是,迈阿密大学海洋科学研究所联合了加利福尼亚大学的斯克利浦斯海洋研究所、哥伦比亚大学的拉蒙特地质研究所以及伍兹霍尔海洋研究所,于 1964 年 5 月成立了地球深部取样海洋研究机构联合体(Joint Oceanographic Institution for Deep Earth Sampling,JOIDES)。不久,华盛顿大学加入,成为 JOIDES 的第 5 个成员。50 多年来,JOIDES 的成员不断发展壮大,但它作为深海钻探计划和大洋钻探计划的学术领导机构,名称一直沿用至今。1965 年,美国国家科学基金会(NSF)批准了 JOIDES 的深海钻探计划(DSDP)立项申请,1966 年由加州大学 Scripps 海洋研究所作为 JOIDES 的首任作业方正式启动了计划,开始了大洋钻探的"新纪元"。在以后的几年中,DSDP 的合作伙伴迅速扩展,1976 年开始新增了国际合作伙伴,至此 DSDP 扩展成为大型国际合作项目,揭开了科学大洋钻探国际合作的序幕。

1968 年 8 月 11 日,"格罗玛·挑战者号"(Glomar Challenger)开始了深海钻探计划的第一航次。在随后的 15 年间(1968—1983 年),"挑战者号"完成了 96 个钻探航次,总航程逾 $60×10^4$ km,覆盖了除北冰洋之外的全球各大洋,完成的具体钻探任务见表 3-2。

表 3-2 DSDP 完成的钻探任务

钻探船	格罗玛·挑战者号
钻探航次数/次	96
钻探站位数/位	624
钻孔数/孔	1053
取芯次数/次	19 119
海底最深钻孔孔深/m	1741
最深海水深度/m	7044

DSDP 最主要的科学成就是验证了海底扩张和板块构造学说。根据海底钻探所取得的岩芯,对洋底磁异常条带的年龄测定,确切地重建了大西洋的海底扩张历史。它提出距今约 9000 万年,南极洲与澳洲、南美洲先后脱离,逐步形成了大西洋,证明了印度板块曾以超过 10cm/a 的速率迅速向北漂移,在近 6500 万年移动了 4500km,最后与我国西藏相碰撞,并形成了印度洋。DSDP 在南极海域的钻探,对南极冰盖发生发展、环南极洋流的形成以及与板块运动的关系做作了调查研究,这对于古海洋学研究和诞生起了重要作用。

1983 年得克萨斯农工大学提出使用"SEDCO/BP471"号(改造后更名为"决心号")钻探船进行新的大洋钻探计划。我国于 1998 年成为参与成员(即 1/6 成员国),至此 ODP 参与国家有美国、德国、法国、日本、英国、加拿大、澳大利亚、中国、丹麦、比利时、芬兰、希腊、冰岛、意大利、荷兰、挪威、西班牙、瑞典、瑞士、土耳其。

ODP 于 1985 年 1 月正式实施。"决心号"于 1985 年 1 月开始了它的第一个航次(编号 100),到 2003 年 9 月为止,ODP 共实施 111 个航次(Leg100～210)的调查,航程约 65.8×10^4 km,完成的具体钻探任务见表 3-3。ODP 在天然气水合物、热液矿化作用、气候变化、海平面升降、板块构造、深海生物圈等诸多领域取得了令人瞩目的成就。

表 3-3 ODP 完成的钻探任务

钻探船	决心号
钻探航次数/次	111
钻探站位数/位	669
钻孔数/孔	1797
取芯次数/次	35 772
海底最深钻孔/m	2111
最浅海水深度/m	37.5
最深海水深度/m	5980
获取岩芯总长度/m	222 704

1994 年开始,日本最先提出了"新世纪大洋钻探"的设想,随后日本科学技术厅(STA)与日本海洋科学技术中心(JAMSTEC)联合美国有关部门倡议提出了一项 21 世纪大洋钻探计划(简称 OD21)。该计划以地球变暖、地震发生机制、生命起源等为科学目标,并最终实现"莫霍钻"(Moho)的夙愿。ODP 计划钻探水深初步为 2500m,最终达到 4000m,挑战海底以下钻孔深度 7000m。

共有 3 艘船服务于 IODP 计划:"决心号"、日本深海钻探船"地球号"(Chikyu)、欧洲钻探研究联盟(ECORD)特定任务平台(mission specific platform),完成的具体钻探任务见表 3-4。

表 3-4　IODP 完成的钻探任务

钻探项目	决心号	地球号	特定任务平台	合计
钻探航次数/次	35	14	5	54
钻探站位数/位	145	38	67	250
钻孔数/孔	439	95	115	649
取芯次数/次	8491	927	2676	12 094
海底最深钻孔/m	1928	3059	755	3059
最浅海水深度/m	95.5	885	23	23
最深海水深度/m	5708	6929	1.288	6929
获取岩芯总长度/m	57 289	4886	4131	66 306

从 1996 年开始，ODP 及其学术领导机构"JOIDES"开始制定进入新世纪海洋钻探长远计划，并综合 OD21 计划，最终形成了"21 世纪综合海洋钻探项目"(integrated ocean drilling program，IODP)初步的科学计划，标志着大洋钻探新时代的到来。

IODP 地球系统科学研究的多任务平台主要科学目标是引入"地球系统科学"概念，揭示地震机理，查明深海海底的深部生物圈和天然气水合物，理解极端气候和快速气候变化的过程以及为深海新资源勘探开发、环境预测和防震减灾等提供服务。

大洋发现计划 IODP 是我国科学家建议、设计并主导的综合大洋钻探计划的后续(2013—2023 年)，采用相同的钻探平台，主要科学目标为理解海洋和大气的演变、探索海底生物圈、揭示地球表层与地球内部的连接、研究导致灾害的海底过程等。截至 2017 年 7 月共完成 17 个航次的钻探工作，完成的具体钻探任务见表 3-5。

表 3-5　大洋发现计划 IODP 完成的钻探任务

钻探项目	决心号	地球号	特定任务平台	合计
钻探航次数/次	13	2	2	17
钻探站位数/位	60	2	10	72
钻孔数/孔	191	6	18	215
取芯次数/次	5798	130	439	6367
海底最深钻孔/m	1806	1180	1335	1806
最浅海水深度/m	87	2524	20	20
最深海水深度/m	4775	4776	1568	4776
获取岩芯总长度/m	34 410	667	1114	36 191

在整个深海科学钻探过程中产生了一批配套的钻探设备和工艺方法。在深海钻探早期，为了提钻后再下钻时能找到海底的原孔位，工程师们设计了一个特殊装置"再入锥"

(Reentry cone),开发了套管钻井系统、套管悬挂系统、不提钻换钻头技术、铝合金钻杆,研制用于破碎坚硬岩石的金刚石钻探取芯系统(diamond core system,DCS)等。取芯技术在整个深海科学钻探过程中也得到了长足发展,包括旋转取芯管(rotary core barrel,RCB)、水力活塞取芯器(pydraulic piston corer)、超前水力活塞取芯器(advanced pydraulic piston corer,APC)、伸缩式取芯筒(extended coring barrel,XCB)、保压取芯筒(pressure coring barrel,PCB)、保压取芯器(pressure coring sampler,PCS)、绳索打捞式马达驱动取芯筒(wireline retrievable motor driven core barrel)、裸露岩石铲(bare rock spuding)等。

第一节　液压驱动连杆关闭球阀式天然气水合物保压取芯钻具的结构原理

液压驱动连杆关闭球阀式天然气水合物保压取芯钻具是一种自由下落、液压驱动、由钢丝绳提取的取芯工具,可在接近孔底原位压力的情况下取到岩芯样品。该钻具由外管总成、锁紧限位机构、快接机构、内管总成、起动机构、蓄能机构、歧管机构、球阀机构 8 个部分组成,各部分的功能如下:

(1)外管总成。

(2)锁紧限位机构。能支撑自由下落的取芯钻具外管,通过它传递钻杆的扭矩给取芯钻具外管,并转移所有沿着钻杆柱流经取芯钻具内部的流体,使起动球自动落入起动装置。

(3)快接机构。孔底传递扭矩和定位,并在地面快速拆卸上部钻具。

(4)内管总成。传递扭矩、定位、导向和连接。

(5)起动机构。可上下运动,推动岩芯内管进入取芯钻具外管,并保持取芯钻具外管的封闭状态。

(6)蓄能机构。能使取芯钻具外管内保持孔底压力,还能补偿提取取芯钻具时因钻具外管压差增加而使密封盖渗漏所产生的流体损失。

(7)歧管机构。用于隔离和拆卸岩芯室。

(8)球阀机构。能开启和关闭取芯钻具外管的密封,并用作取芯钻具外管切削靴的连接接头。

起动机构有一个双锁闩系统,能锁住启动球阀使之在取芯过程中保持打开状态,而在起动后又关闭球阀。起动机构接收由锁紧(限位)机构释放的起动球,并让所有流经取芯器的流体流往起动活塞。在起动球被释放后,就会对取芯器施压,此时起动机构会自动解锁并上下运动,从而推动岩芯内管通过保压球阀进入取芯器外管。当岩芯内管通过保压球阀时,机械回转保压球阀并使之关闭。在起动过程中,岩芯内管顶端密封被推入到一个密封接头里,这样取芯器外管的两端就被关闭。当起动机构到达其行程的末端时自锁,以保持取芯器外管是封闭的。

蓄能机构含有一个蓄能器,当保压球阀关闭时,会有一个小的体积变化,为了抵消这种体积变化,蓄能器会驱使流体进入取芯器外管,使取芯器外管内保持孔底压力。此外,蓄能器还能补偿在提取取芯器时,由于取芯器外管压差的增加而使密封盖渗漏所产生的流体损失。此外,蓄能装置还含有一个卸压装置,当取芯器外管超压时,背压阀将卸压。

歧管机构含有一些集成阀,用来隔离和拆卸取芯器外管。由集成阀控制的用于收集气体和/或液体样品的2个取样口也位于歧管机构里,取样口有各自独立的流往样品腔的通道。其中一个通往取芯器岩芯内管内部,另一个通往岩芯内管环状间隙里。多支管装置还包括一个自爆式安全隔板,当取芯器外管内压力超过设计的最大工作压力时,可通过自爆卸压。压力传感器安装在歧管机构中,用来在平台上检测取芯器外管的内部压力。

球阀机构被起动时,取芯器外管具有较低的密封性,当起动装置推动岩芯内管通过球阀机构时,球阀在机械力的作用下关闭。球阀机构还用作取芯器外管切削靴的连接接头。

锁紧限位机构是一组锁闩,它有一个着陆点支撑自由下落的取芯器外管,并通过它传递钻杆的扭矩给取芯器外管。取芯器外管的切削管鞋与钻杆一同回转,这样会修磨岩芯样品到合适尺寸使之能进入岩芯内管。此外,锁紧限位机构还转移所有沿着钻杆柱流经取芯器内部的流体,并且在取芯器展开和取芯过程中夹持起动球,当通过取芯钢丝绳使锁紧装置工作时,它就会产生一个向上的力,使起动球自动落入起动装置。最后,锁紧装置还有一个插座用来在提取取芯器时固定取芯钢丝绳。液压驱动连杆关闭球阀式天然气水合物保压取芯钻具的总体结构如图3-1所示。

一、外管总成

外管总成由5个零件组成,它的三维模型如图3-2所示。在Solidwords上画出每个零件的三维图,然后按照先后顺序装配,可形象直观地看出每个零件的尺寸是否合理、装配是否存在干涉等问题,直接在二维图上画装配图,来回修改比较麻烦,工作效率不高。

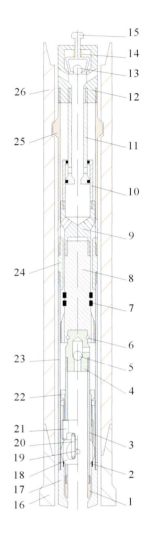

图3-1 液压驱动连杆关闭球阀式天然气水合物保压取芯钻具总体结构图
1.管靴;2.密封圈;3.岩芯管;4.球阀座;5.球阀;6.轴承;7.密封圈;8.密封接头;9.分水接头;10.提升器;11.换向管;12.上接头;13.钢球;14.弹簧;15.球夹器;16.外钻头;17.内钻头;18.球阀;19.球铰;20.连杆;21.滑套;22.提升接头;23.岩芯外管;24.过渡接头;25.悬挂管;26.外管

图 3-2 外管总成三维模型

外管总成包含钻杆外管接头、弹卡球夹头、下悬挂接头、长外管和钻头接头外管 5 个零件，其二维装配图如图 3-3 所示。加工厂可根据零件的二维加工图纸和部件装配图装配部件。

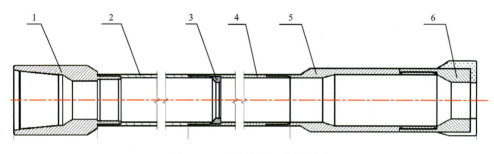

图 3-3 外管总成二维装配图
1.钻杆接头；2.拔插段；3.座环；4.五寸半长外管；5.八寸半外钻头转接头；6.八寸半外钻头

钻杆接头的作用是连接上部钻杆；拔插段用来调节轴向装配误差；座环是给内部钻具限位；五寸半长外管用于连接拔插和八寸半外钻头转接头；八寸半外钻头转接头用于连接底部钻头；八寸半外钻头用于切削岩芯。

二、锁紧限位机构

锁紧限位机构主要由 19 个零件组成，它的三维模型如图 3-4 所示。在锁紧限位机构的三维模型上可以明显地看出各个零部件装配是否合理，在 Solidworks 上也可以模拟锁紧限位机构的执行动作是否到位。

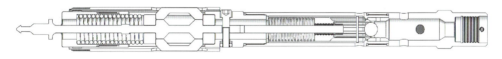

图 3-4 锁紧限位机构三维模型

锁紧限位机构主要由牵引轴颈、XCB(extended coring barrel)坐放台肩盖、XCB 弹卡接头、XCB 弹卡弹簧、XCB 挡圈、XCB 弹卡抓取器、弹簧垫片、锁紧螺钉、锁紧螺母、XCB 弹卡体、间隔圈、球阀弹簧、衬管、球夹头、套爪接头、插销、起动球、夹头支座、底接头 19 个零件组成，其二维装配如图 3-5 所示。

当牵引轴颈向上提升一段距离后,提升距离由牵引轴颈上限位槽和内六角螺钉控制,XCB弹卡抓取器被挤入牵引轴颈凹槽上,XCB弹卡抓取器被包入XCB弹卡体,使XCB弹卡接头限位失效;牵引轴颈向上提升时,带动球夹头向上运动一段距离,释放起动球;起动球下落至分离柱塞上,此时钻井液循环回路被改变;在起动球上端钻井液压力的带动下,分离柱塞压缩弹簧向下运动,进而带动分离抓取器被挤入分离柱塞凹槽上,此时起动器缸体与分离箱分开;钻井液带动弹卡盖沿着弹卡轴向上运动,进而带动起动器缸体向上运动,然后带动球阀机构运动。

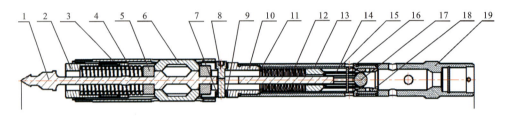

图3-5 锁紧限位机构二维装配图

1.牵引轴颈;2.XCB坐放台肩盖;3.XCB弹卡接头;4.XCB弹卡弹簧;5.XCB挡圈;6.XCB弹卡抓取器;7.弹簧垫片;8.锁紧螺钉;9.锁紧螺母;10.XCB弹卡体;11.间隔圈;13.球阀弹簧;13.衬管;14.球夹头;15.套爪接头;16.插销;17.起动球;18.夹头支座;19.底接头

三、快接机构

快接机构的三维模型如图3-6所示,主要由快接公接头、紧定螺钉、通用快速脱扣螺母、快放抓取器、快接母接头和顶接头6个零件组成,其二维装配如图3-7所示。

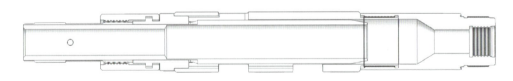

图3-6 快接机构三维模型

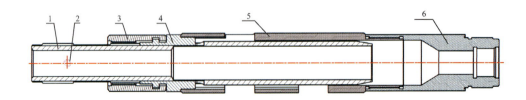

图3-7 快接机构

1.快接公接头;2.紧定螺钉;3.通用快速脱扣螺母;4.快放抓取器;5.快接母接头;6.顶接头

快接机构的装配过程:先将快接母接头通过螺纹连接与顶接头装配,接着将快接公接头沿凸台方向插入快接母接头的内槽方向,然后将快接公接头顺时针转一定的角度,再将快放抓取器沿着快接公接头外圆槽装配至快接母接头端面,最后将快速分离接头装配在快接公接头上(图3-8)。保压取芯钻具未提升至地面前,快接部件起着传递扭矩和定位的作用;保压取芯钻具提升至地面需拆卸时,快接部件中快接公接头逆时针旋转一定角度,让快接公接头的凸台沿快接母接头内槽方向退出,可快速拆卸上部钻具。

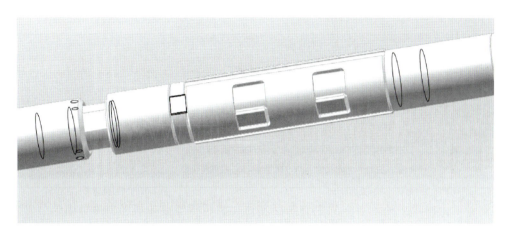

图3-8 快接部件三维装配图

四、内管总成

内管总成的三维模型如图3-9所示,主要由顶支座、快接接头、快速连接耦合器、分离圈、密封壳、外岩芯管和密封圈8个零件组成,其二维装配如图3-10所示。

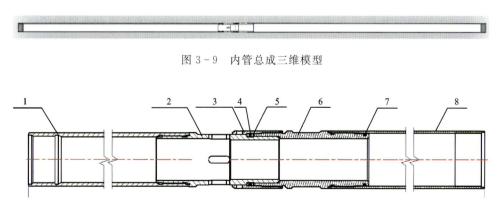

图3-9 内管总成三维模型

图3-10 内管总成二维装配图
1.顶支座;2.快接接头;3.快速连接耦合器;4、6.密封圈;5.分离圈;7.密封壳;8.外岩芯管

五、起动机构

起动机构的三维模型如图 3-11 所示，主要由弹卡轴、弹卡盖、起动器缸体、弹卡体、闭锁抓取器、锁紧弹簧、分离箱、分离抓取器、分离柱塞、分离弹簧、分离弹簧定位器、出口接头、锁紧柱塞和若干个密封圈及若干个垫片等 23 个零件组成，其二维装配如图 3-12 所示。

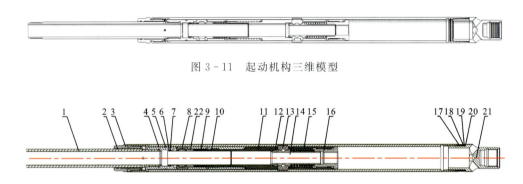

图 3-11 起动机构三维模型

图 3-12 起动机构二维装配图

1.弹卡轴；2、5、7、10、13.密封圈；3.弹卡盖；4.起动器缸体；6.弹卡体；8.闭锁抓取器；9.锁紧弹簧；11.分离箱；13.分离抓取器；14.分离柱塞；15.分离弹簧；16.分离弹簧定位器；17~20.垫片；21.出口接头；22.锁紧柱塞

起动机构组装时锁紧弹簧处于压缩状态，当起动器缸体凹槽运动至闭锁抓取器位置处时，在锁紧弹簧的压力作用下，锁紧柱塞向上运动，将闭锁抓取器压入起动器缸体凹槽上，锁紧柱塞运动至弹卡体内部端面上被限位，同时闭锁抓取器坐落于锁紧柱塞外圆表面。防止在提升钻具时，起动器缸体下落。

六、蓄能机构

蓄能机构的三维模型如图 3-13 所示，主要由调节器箱体、调节器调节螺栓、调节器弹簧盖、卸载弹簧、调节器卸压盖、调节器接头、出口螺杆、锥阀、锥阀球、储能器缸体、储能器活塞、储能器接头和若干个密封圈等 15 个零件组成，其二维装配如图 3-14 所示。

图 3-13 蓄能机构三维模型

液压驱动连杆关闭球阀式天然气水合物保压取芯钻具下井前，储能器通过储能器接头给储能器缸体左侧室冲入氮气至预期静水压力的 75%。保压取芯钻具工作过程中，储能器

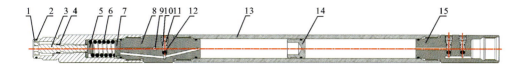

图 3-14 蓄能机构二维装配图

1.调节器箱体；2、4、10.密封圈；3.调节器调节螺栓；5.调节器弹簧盖；6.卸载弹簧；7.调节器卸压盖；
8.调节器接头；9.出口螺杆；11.锥阀；12.锥阀球；13.储能器缸体；14.储能器活塞；15.储能器接头

接头（储能器缸体右侧装配）上的锥阀处于打开状态，储能器缸体右侧室与内岩芯管连通。球阀机构未转动前，储能器缸体右侧室压力与地层静水压力相同，驱动储能器缸体中储能器活塞向储能器接头一端运动，使储能器缸体中左侧室和右侧室压力平衡，与地层静水压力相同。球阀机构转动 90°后，球阀下端被密封，内岩芯管与地层隔断，保压取芯钻具向地面提引时，若内岩芯管存在泄漏，使内岩芯管内部压力下降，导致储能器缸体左侧室压力大于右侧室压力，则左侧室驱动储能器活塞向靠近储能器接头一端运动，使储能器缸体左侧室和右侧室压力重新达到平衡，进而使内岩芯管压力保持与初始压力近似；若内岩芯管中水合物分解，导致内岩芯管内部压力增大，则储能器缸体右侧室压力大于左侧室压力，进而驱动储能器活塞向靠近储能器接头一端运动，使储能器缸体左侧室和右侧室压力重新达到平衡，进而使内岩芯管压力保持与初始压力近似。

七、歧管机构

歧管机构的三维模型如图 3-15 所示，主要由探测器总管轴、锥阀、锥阀球、爆发盘活塞、爆发盘环、爆发盘压片、探测器槽管、探测器密封轴、密封支座、滚珠轴承球、探测器单向阀接头、单向球、单向阀支座和若干个密封圈及紧定螺钉等 21 个零件组成，其二维装配如图 3-16 所示。

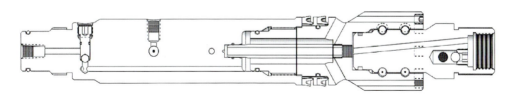

图 3-15 歧管机构三维模型

歧管结构设计的目的是检测内岩芯管中水合物的压力和连通内岩芯管与储能器缸体。内岩芯管中水合物通过探测器单向阀接头中的通孔，流向探测器槽管中的通孔，然后流向探测器总管轴。探测器总管轴上设计有装传感器的接口，当水合物流至传感器的接口处时，即可检测水合物的压力。探测器槽管上设计有安全隔板，对歧管结构有一定的保护作用。

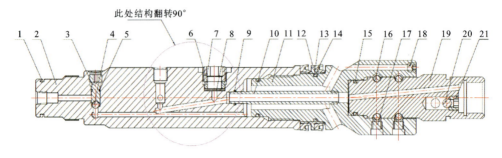

图 3-16 岐管机构二维装配图

1、5、9、13、14、15.密封圈;2.探测器总管轴;3.锥阀;4.锥阀球;6.爆发盘活塞;7.爆发盘环;8.爆发盘压片;10.探测器槽管;11.探测器密封轴;13.密封支座;16.滚珠轴承球;17、18.紧定螺钉;19.探测器单向阀接头;20.单向球;21.单向阀支座

八、球阀机构

球阀机构的三维模型如图 3-17 所示,主要由内岩芯管、弹簧盖、工作弹簧、弹簧壳体、工作接头、钻头接头、工作端、铰链销、连杆、球枢轴销、工作球、球阀密封定位、球阀密封、球阀阀座、扭转弹簧、插销、抓取器、爪岩芯捞取器壳体和若干个密封圈等 20 个零件组成,其二维装配如图 3-18 所示。

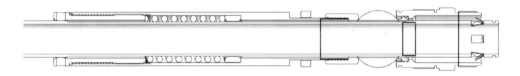

图 3-17 球阀机构三维模型

起动器缸体向上运动过程中,带动内岩芯管向上运动,内岩芯管带动爪岩芯捞取器壳体向上运动,当爪岩芯捞取器壳体运动至工作接头下端处,带动工作接头向上运动,进而工作接头通过工作弹簧带动弹簧盖向上运动,弹簧盖通过弹簧壳体带动工作端向上运动;工作端通过连杆又带动工作球转动 90°,工作端依赖于弹簧壳体通槽左端面限位,确保工作球精确转动 90°。

九、保压取芯钻具性能参数设计计算

保压取芯钻具除了进行合理的结构设计外,还需进行理论设计和计算,主要包括岩芯管压力仓强度的设计计算与校核、球阀操作弹簧设计、保压取样器活塞计算、释放活塞弹簧设计等方面。

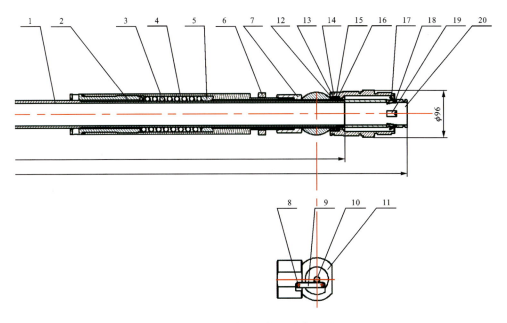

图 3-18 球阀机构二维装配图

1.内岩芯管;2.弹簧盖;3.工作弹簧;4.弹簧壳体;5.工作接头;6.钻头接头;7.工作端;8.铰链销;9.连杆;
10.球枢轴销;11.工作球;12.球阀密封定位;13.球阀密封;14、16.密封圈;15.球阀座;17.扭转弹簧;
18.插销;19.抓取器;20.爪岩芯捞取器壳体

(一)岩芯管压力仓强度的设计计算与校核

首先,确定圆筒的薄壁或厚壁计算方程类型。r 可由公式(3-1)计算:

$$r = \frac{D}{D-d} \tag{3-1}$$

计算结果 $D/r < 10$,采用厚壁方程计算 σ_t,如公式(3-2)所示:

$$\sigma_t = \frac{D^2 + d^2}{D^2 - d^2} p_i \tag{3-2}$$

式中:D 为岩芯管外径;d 为岩芯管内径;p_i 为内部压力;σ_t 为内压力 p_i 作用下的切向应力。将上述已知变量代入公式(3-3),可以确定安全系数 N:

$$N = \frac{\sigma_y}{\sigma_t} \tag{3-3}$$

式中:σ_y 为极限强度。经计算,N 大于目标,即满足安全要求。

(二)球阀操作弹簧设计

首先,确定弹簧相关变量:D(线圈平均直径);d(金属丝直径);n(有效线圈的数量);F(力);G(扭转模量);K(弹性模量);τ(最大剪应力)。

由公式(3-4)确定弹簧的有效圈数 n,自由长度 L_{free} 计算公式如下:

$$n = \frac{Gd^4}{8KD^3} \tag{3-4}$$

$$K = \frac{4C-1}{4C-4} + \frac{0.615}{C} \tag{3-5}$$

$$C = \frac{D}{d} \tag{3-6}$$

$$L_{\text{free}} = \frac{F}{K} + (n+1.5)d \tag{3-7}$$

操作弹簧参数计算如表 3-6 所示。

表 3-6 操作弹簧参数计算表

最大压缩高度	工作高度 1	工作高度 2
$F_S = 425\text{lb}$	$F_1 = 300\text{lb}$	$F_2 = 400\text{lb}$
$\tau_S = K\dfrac{8F_S D}{\pi d^3} = 91\,041\text{psi}$	$\tau_1 = K\dfrac{8F_1 D}{\pi d^3} = 64\,264\text{psi}$	$\tau_2 = K\dfrac{8F_2 D}{\pi d^3} = 85\,686\text{psi}$
$L_S = L_{\text{free}} - \left[\dfrac{F_S}{K}\right] = 3.893\text{in}$	$L_1 = L_{\text{free}} - \left[\dfrac{F_1}{K}\right] = 5.143\text{in}$	$L_2 = L_{\text{free}} - \left[\dfrac{F_2}{K}\right] = 4.143\text{in}$

注：1lb≈4.45N；1psi≈6 894.76Pa；1in≈25.40mm；后同。

(三) 保压取样器活塞计算

首先，已知保压取样器如下相关变量：F_{rel} (活塞打开时弹簧所受的力)；d (活塞内直径)；D (活塞腔体内径)；D_{seal} (活塞密封直径)，对应于活塞外径；μ (海水黏度)；ρ (海水密度)；C_V (流速系数)。计算各截面面积如下：

$$A_{\text{piston}} = \frac{\pi d^2}{4} \tag{3-8}$$

$$A_{\text{bore}} = \frac{\pi D^2}{4} \tag{3-9}$$

$$A_{\text{seal}} = \frac{\pi D_{\text{seal}}^2}{4} \tag{3-10}$$

A_{piston} 为活塞截面积；A_{bore} 为腔体截面积；A_{seal} 为密封截面积。

因此，可算出活塞移动压力为

$$p_{\text{max}} = \frac{F_{\text{rel}}}{A_{\text{seal}}} \tag{3-11}$$

通过计算雷诺数 R 判断流体是层流还是紊流，先计算最大预期流量时的孔内流速：

$$Q = 300\text{Gal/min} \tag{3-12}$$

$$V = \frac{Q}{A_{\text{bore}}} \tag{3-13}$$

$$v = \frac{Q}{A_{\text{piston}}} \tag{3-14}$$

$$R = \frac{\rho d v}{\mu} \tag{3-15}$$

由于雷诺数 R 大于 2000，所以流动是紊乱的，因此必须采用紊流方程。活塞与文丘里管的截面相似，活塞入口像文丘里管一样逐渐变细，出口尺寸与文丘里管相同，如图 3-19 所示，采用 0.95 的流速系数。

$$p = \frac{\rho V^2}{2 C_V^2}\left[1 - \frac{d}{D}\right] \tag{3-16}$$

p 较小时，活塞不运动。

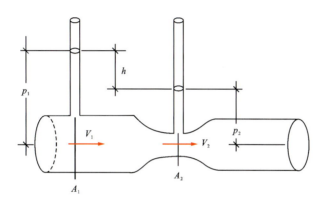

图 3-19　文丘里管及文丘里效应

然后，使用这种方法可以确定移动活塞和起动球阀机构（关闭保压球阀）所需的流量，计算公式如下：

$$Q = C_V A_{\text{piston}} \sqrt{\frac{2 p_{\max}}{\rho\left[1 - \frac{d}{D}\right]}} \tag{3-17}$$

$$Q = 440 \text{gal/min} \tag{3-18}$$

这样就会有 1.5(440/300＝1.5) 的安全系数（流量为 300gal/min 时活塞不会移动）。

使用管道收缩方程可能不太保守，但计算结果却更准确。已知阻力系数，可知压差如下：

$$D_{\text{ratio}} = \frac{d}{D} \tag{3-19}$$

$$p = \rho K \frac{v^2}{2} \tag{3-20}$$

p 较小时，活塞不运动。

可用收缩方程计算出活塞运动前的最大流量，计算公式如下：

$$Q = A_{\text{piston}} \sqrt{\frac{2 p_{\max}}{\rho K}} \tag{3-21}$$

$$V = \frac{Q}{A_{\text{piston}}} \tag{3-22}$$

由此可以得出结论:当流量大于440gal/min(约活塞移动临界流量的1.5倍),在活塞移动和起动球阀机构之前,使用文氏管模型进行计算;当压力超过550gal/min时,使用管道收缩方程进行计算。还要注意的是,流体柱的惯性使活塞运动,从而导致段塞流或泵速度的快速变化,因此在起动泵时应该非常小心。

(四)释放活塞弹簧设计

已知变量:D(线圈直径);d(金属直径);n(有效线圈的数量);F(力的大小);G(扭转模量);K(弹性模量);τ(最大剪应力)。其中:$D=1.875\text{in}(47.6\text{mm})$;$d=0.23\text{in}(5.8\text{mm})$;$K=100\dfrac{\text{lb}}{\text{in}}$;$G=11.5\times10^6\text{psi}$;$F_{\text{solid}}=225\text{lb}$。

根据公式(3-4)~公式(3-7)计算的释放弹簧参数如表3-7所示。

表3-7 释放弹簧参数计算表

最大压缩高度	释放状态高度1	预加载状态高度2
$F_S=225\text{lb}$	$F_1=200\text{lb}$	$F_2=163\text{lb}$
$\tau_S=k\dfrac{8F_SD}{\pi d^3}$	$\tau_1=k\dfrac{8F_1D}{\pi d^3}$	$\tau_2=k\dfrac{8F_2D}{\pi d^3}$
$\tau_S=104\ 216\text{psi}$	$\tau_1=92\ 636\text{psi}$	$\tau_2=75\ 499\text{psi}$
$L_S=L_{\text{free}}-\left(\dfrac{F_S}{k}\right)$	$L_1=L_{\text{free}}-\left(\dfrac{F_1}{k}\right)$	$L_2=L_{\text{free}}-\left(\dfrac{F_2}{k}\right)$
$L_S=1.749\text{in}$	$L_1=1.999\text{in}$	$L_2=2.369\text{in}$

外径(OD)	内径(ID)	惯性矩(I)	轴向节距(A_x)	临界压力(p_{cr})
0.250	0.120	1.816×10^{-4}	0.038	123
0.375	0.245	7.939×10^{-4}	0.063	538
0.500	0.310	2.615×10^{-3}	0.121	1775

十、保压取芯钻具工作流程

钻进过程中钻井液循环过程:钻井液从地表沿钻杆流入外管钻杆接头,XCB坐放台肩外圆表面上设计有过水槽,钻井液从过水槽流入钻具外管内腔;流至底接头时,钻井液从底接头外圆的4个过水孔流向快接机构内腔;在钻具最小内径腔中流至出口接头时,钻进液从出口接头4个通孔流向顶支座内腔;之后,钻井液在顶支座内腔流至快接接头,通过快接接头的开口槽,钻井液又流回钻具外管内腔;最后,钻井液通过钻具外管内腔流向钻头过水口。

钻具释放工作球后钻井液循环过程:提升牵引轴颈后,释放起动球;起动球下落至分离柱塞上,此时钻井液循环回路被改变。钻井液通过弹卡轴流向起动器缸体,在压力作用下,弹卡盖向上运动,进而带动球阀机构的动作。

保压取芯钻具典型操作流程如下:
(1)检查钻具并进行完整的压力测试。
(2)用压气机给蓄能器充氮气至预期静水压力的75%。
(3)检查阀体是否安装了驱动球。
(4)将温度控制缸调至孔底测量温度。
(5)抽空取样歧管,并做好连接保压取芯钻具的准备。
(6)在钻台上完成保压取芯钻具最后的组装。
(7)钻头提离孔底,锁紧升降补偿器,打开钻柱。
(8)清洗、安装保压取芯钻具,沿钻柱自由下放。
(9)随保压取芯钻具沿钻柱自由下放,锁紧钻柱并将绳索打捞器跟在保压取芯钻具后面沿钻柱下放。
(10)确认保压取芯钻具到位后,下放钻柱直至钻头达到孔底。
(11)为了尽可能地减小对岩芯的污染,在无钻井液循环的条件下取1m岩芯。
(12)卡断岩芯后,将钻柱提离孔底,下放绳索打捞器至保压取芯钻具。
(13)将绳索打捞器连接到保压取芯钻具上。
(14)用绳索将保压取芯钻具提离限位座,释放驱动球。
(15)用绳索将保压取芯钻具放回限位座。
(16)接上循环泵,并且将钻柱加压至大约3448kPa(500psi),以水力驱动保压取芯钻具。
(17)关闭循环泵,并用绳索将保压取芯钻具提回。
(18)在钻台上,打开钻柱,并将保压样品室与岩芯筒的其他部分分离。
(19)立刻将保压样品室浸泡在温度控制缸中。
(20)将压力传感器连接到读取插口上,以便不间断地监测内部压力。
(21)将取样歧管连接到保压样品室,取出气体或者(和)液体样品。
(22)在所有液体或者(和)气体被完全取出后,将样品室完全卸压打开,获取芯样。
(23)将保压取芯钻具清洗、擦干,以便下次使用。

第二节　液压驱动连杆关闭球阀式天然气水合物保压取芯钻具室内试验

一、保压取芯钻具样机的组装调试

运用模块化设计、加工、装配保压取芯钻具总成。保压取芯钻具总成由外管总成、锁紧限位机构、快接机构、内管总成、起动机构、蓄能机构、歧管机构、球阀机构8个部分组成,各部分的实物如图3-20～图3-25所示。为了能够顺利完成该钻具功能,达到设计要求,在实验室对钻具各模块进行反复装配与拆卸工作,安装过程结合理论计算设计确定弹簧和密封圈的型号、参数等,甚至包括对丝扣等局部配合尺寸的修改等。

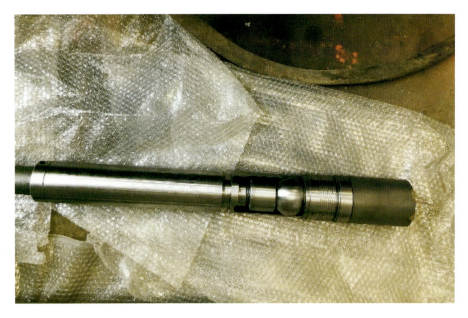

图 3-20 球阀机构实物图

图 3-21 歧管机构实物图

图 3-22 蓄能机构实物图

图 3-23　起动机构实物图

图 3-24　快接机构实物图

图 3-25　锁紧机构实物图

二、保压取芯钻具室内保压和球阀翻转系列实验

（一）储能机构保压实验

1. 储能机构保压实验方案

实验目的：测试蓄能机构的保压密闭性、压力补偿功能和调节安全阀性能。

实验工具：高压氮气瓶、蓄能部件、高压管线、高压接头和传感器等。

蓄能机构安装步骤：

（1）将 1 个 O 型密封圈安装到锥阀中（图 3-26）。注意将进气球阀的一部分拧入，以方便安装 O 型密封圈。

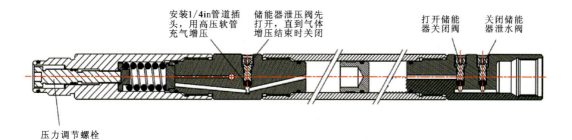

图 3-26　储能器充压过程

(2)将进气球阀安装到调节阀接头中。注意如果调节阀接头是新的或者球阀疑似泄漏，则将3/8in滚珠轴承放入球阀套中。使用锤子和冲头向下驱动滚珠轴承重新安装支座，然后拆下滚珠轴承。

(3)将1个排泄螺钉安装到调节阀接头中。

(4)将调节器泄压盖安装到调节阀接头中。

(5)将1个调节器弹簧盖和1个卸载弹簧安装到调节室中，如图3-26所示。

(6)将调节室组装到调节器接头上。

(7)将2个O型密封圈安装到调节器调节螺栓，并将调节器调节螺栓安装到调节室中。

(8)将调节阀接头组装到同一端的蓄能筒中。注意蓄能活塞套应朝向调节阀接头。

(9)将2个锥阀安装到蓄能器接头中。注意如果蓄能器接头是新的或者球阀疑似泄漏，则将3/8in滚珠轴承放入球阀套中，使用锤子和冲头驱动滚珠轴承向下调整支座。

(10)将每个排泄螺钉安装到蓄能器接头中，将蓄能器接头组装到蓄能管上。注意此时应该对该工具进行静力学测试。

蓄能介质注入和测试步骤：

(1)摆放储能器，拆卸蓄能介质注入口管插头。

(2)缓慢打开蓄能器开关阀。

(3)将氮气输送软管连接到气瓶和气体增压器或高压氮气瓶的入口［3/8in美制短型干密封圆锥管螺纹(SAE)］。

(4)将高压氮气输送软管从气体增压器的出口(1/4in超压)连接到蓄能器注入口［1/4in美制一般密封管螺纹(NPT)］。

(5)将气源输送到气体增压器(最大值150psi)，或使用高压氮气瓶，打开调节接头上的蓄能器介质注入阀。

(6)关闭软管装置上的所有排泄阀。注意每套软管应该有一个开关阀、量表和排泄阀。

(7)打开气瓶阀。注意软管套上的每个量表应读出气瓶的输出压力。

(8)调整调节器螺栓。注意如果气体从调节器螺栓逸出，拧紧调节螺钉直到气体停止逸出。如果气体不能从调节螺栓逸出，拧松调节螺钉，直到气体可以逸出，然后旋紧调节螺钉以阻止气体逸出。

(9)开始用气体增压器给蓄能器增压。当压力开始从调节器螺栓中逸出时，通过拧入调节器螺栓进一步增加压力。继续增加压力，以达到高于预期井底压力但低于安全隔板自爆压力，这就是调节器螺栓安全释放的压力设定值。

(10)关闭气体增压器。用储能器接头装置的放气阀排出蓄能器充气压力，以达到预计井底静水压力的80%，关闭蓄能介质注入阀，关闭氮气瓶阀或高压氮气瓶阀门，排空输送软管并断开连接，安装蓄能介质注入口管插头。

实验中各部分实验步骤与数据记录要求：

(1)蓄能器的整体保压密闭性试验。注入惰性气体——氮气，并逐级加压检测部件的密闭性。注入氮气加压到设计值的20%，保持压力，每分钟或10min检测一次压力值并记录,至少试验5h;接着增加压力到设计值的50%,继续上面的压力检测与记录;再增加压力到设计值的80%,继续上面的压力检测与记录;增加压力到设计值的100%,继续上面的压力检测与记录;增加压力到设计值的110%,继续上面的压力检测与记录。若试验过程中发现压力损失超过5%,应分析原因并进行结构、材料等方面的改进,改进后重新做密闭性试验。

(2)压力补偿功能试验。做完整体保压密封性试验之后,测试蓄能器压力补偿功能。蓄能器和岩芯室都注入氮气加压到设计值的20%,减少岩芯室压力,检测蓄能器端和岩芯室端压力值;每分钟或10min减少一次岩芯室压力,检测两端压力值并记录,减压梯度不低于3次;增加压力到设计值的50%,继续上面的压力检测与记录;增加压力到设计值的80%,继续上面的压力检测与记录;增加压力到设计值的100%,继续上面的压力检测与记录;增加压力到设计值的110%,继续上面的压力检测与记录。若实验过程中发现蓄能器端压力无法随岩芯室压力减少而进行补偿,应分析原因并进行结构、材料等方面的改进,改进后重新做压力补偿功能试验。

(3)安全阀调节、泄压能力和可靠性试验。超过预设压力会存在安全隐患,需要对安全阀进行性能测试。调节安全阀阀值到设计总压力的80%,注入氮气加压到设计总压力的80%左右,检测安全阀是否按照设计的槛值进行泄压;调节安全阀阀值到设计总压力的100%,注入氮气加压到设计总压力的100%左右,检测安全阀是否按照设计的槛值进行泄压。

2.试验过程及结果分析

试验一:检验储能器活塞密封以及压力调节器功能是否正常

如图3-27所示,连接高压管道至锥阀1,其余锥阀全部打开,并预紧调节器螺栓,高压钢瓶通过高压管连接锥阀1向储能器缸体注氮气,储能器活塞在高压气体的作用下,向下移动,储能器接头、储能器缸体以及储能器活塞在O型密封圈的配合下形成一个密封的腔体,通过试验可以检验储能器活塞的密封性。

试验结果表明,在压力为2.7MPa时,压力能够保持,但是继续加压,泄压阀排气孔漏气。初步证明在此压力下,储能器活塞密封性良好,而调节器弹簧刚度不足,需要更换刚度更大的弹簧进行下一步试验。

试验二:验证储能器锥阀2的密封性能

试验一已经初步验证在2.7MPa压力下,储能器活塞密封性能良好,为了验证锥阀2的密封性,如图3-28所示,去掉储能器活塞,锥阀1连接高压氮气瓶(13±0.5MPa),松开锥阀3,关闭锥阀2,使储能器接头锥阀1、储能器缸体以及锥阀2形成一个密封的腔体,初始注气压力为4MPa,涂抹肥皂水并没有发现各锥阀以及各连接口有明显气泡产生,之后每隔90min记录气压值(表3-8),并拟合成曲线图(图3-29)。

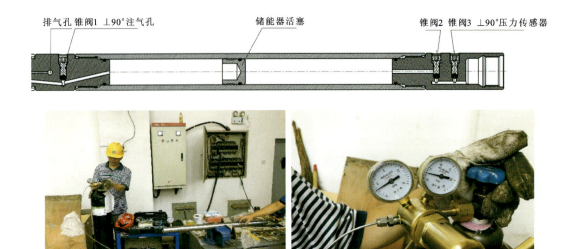

图 3-27 储能器试验原理及试验过程

图 3-28 验证锥阀 2 的密封性能

表 3-8 储能器内部压力随时间变化情况

08:30(初始气压)	10:00	11:30	13:00	14:30	16:00	17:30	20:30(最终气压)
4MPa	3.5MPa	3MPa	2.5MPa	2MPa	1.5MPa	1MPa	0MPa

实验结果表明:

(1)初始气压 4MPa 时,涂抹肥皂水没有发现明显气泡,说明此时密封腔体的密封性能良好,锥阀 2 已经能够保压 4MPa。

(2)根据表 3-8 和图 3-29 可以得知,随着时间的变化,压力的泄漏与时间成线性关系,证明保压率不够理想,此时形成的密封腔体还是存在有微小的泄漏,初步猜想是密封腔体的 O 型密封圈性能被减弱,下一步主要围绕修改 O 型密封圈设计和增大压力两方面来做储能器的保压性验证试验。

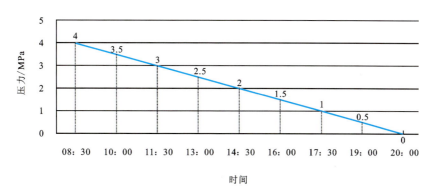

图3-29 储能器锥阀2保压拟合曲线

试验三:检验储能器锥阀3和锥阀4的密封性

由于之前所有锥阀加工精度不够,储能器和歧管机构密封性较差,为此对锥阀进行了修改,扩大原有锥阀尺寸,并在钻具外部加工锥阀,保证其精度,然后填充到扩大后的锥阀孔。经试验,密封性能显著提升,加压到4MPa以后,涂抹肥皂水到各连接口和锥阀口,发现储能器和歧管机构的连接处有明显漏气现象,对比图纸并拆卸实物图后分析可能是O型密封圈没有起到该有的密封效果。经研究发现,当前O型密封圈存在的主要问题如下:

(1)所在的沟槽尺寸4.8mm过宽,导致密封圈被挤压时在沟槽中发生扭转变形,失去密封效果。

(2)密封圈外径至少应该大于所在轴的外径1mm,密封效果才能达到最佳,目前只有0.6mm,导致密封效果较差。

根据以上问题,提出两种解决方案:

(1)填充沟槽间隙,利用聚四氟材料的高耐压特性,填充到现有的沟槽两侧,减小密封圈与沟槽接触的间隙,使得密封圈在挤压时不会发生太大的扭转。

(2)在密封圈的沟槽端用车床加工M30×2的公螺纹,并加工一端盖与公螺纹进行配合,在端盖上加工重新设计好的沟槽。

试验四:对钻具进一步修改加工后的试验

根据实验情况,多次修改加工储能器的锥阀以及重新设计更换密封圈后,再次进行试验,以下为改进后的试验结果(图3-30、图3-31、表3-9)。

以上结果表明,经过修改加工后的储能器密封性良好,而且保压性能大幅提高,已基本满足即将进行的室外实验要求,下一步将连同歧管机构和球阀机构做密封保压试验。

表3-9 储能器内部压力随时间变化情况

11:00(初始气压)	15:00	19:30	22:00	次日07:35(最终气压)
10MPa	9.9MPa	9.75MPa	9.5MPa	9.25MPa

图 3-30　储能器整体保压试验

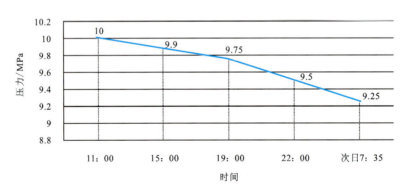

图 3-31　储能器保压率试验曲线图

2. 保压取芯钻具下部分密封保压试验

该保压取芯钻具为模块化设计，除了需满足单个模块所要承担的功能，进行组装后还需要上下联动共同承担一定的功能，最终满足整体设计的要求。因此试验设计围绕单个模块到几个模块之间的配合，最后做整体功能测试。

经过近一个月的时间，各模块的组装调试工作以及储能器结构的保压密封试验完成，之后将验证储能器、歧管机构以及球阀机构作为保压取芯钻具下部密封是否达到要求,以下为试验完成情况和结果。

如图 3-32 所示,将储能机构、歧管机构以及球阀机构按照装配顺序依次连接,由于没有上部的执行机构,故连接前需要手动将球阀关闭。由于之前实验导致氮气瓶内部压力降为 7MPa,故只能从储能器机构的充气口注入 5MPa 高压氮气,记录压力随时间变化情况(表 3-10)。

图 3-32　保压取芯钻具下部密封保压试验

表 3-10　保压取芯钻具下部密封保压压力随时间变化情况

15:00(初始气压)	16:00	17:00	18:00	19:00	20:00	21:00	22:00(最终气压)
5MPa	5MPa	5MPa	5MPa	4.9MPa	4.9MPa	4.9MPa	4.9MPa

根据图 3-33 可初步得知,设计的保压取芯钻具下部密封保压性能已基本满足 5MPa 的压力,之后更换氮气瓶还需进行系列平行试验,以证明钻具在更高压力下的保压密封情况。

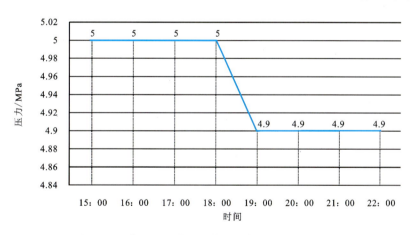

图 3-33　保压取芯钻具下部密封保压压力变化情况

3. 模拟取芯过程起动机构提升以及球阀翻转实验

目前,保压取芯钻具保压试验基本告一段落,根据钻具设计,需要保证球阀在取芯过程中能够顺利翻转 90°,并最终满足钻具上下密封效果,以便进行进一步的试验。

为了减轻工作量,在做这部分试验时,暂时去除部分不影响试验结果的结构——锁紧限位结构、快接机构以及外管总成结构,并加工注水接头,购买高压注水管,以及准备两台泵量不同的泥浆泵,如图 3-34 所示。

图 3-34　现场准备好注水接头和两台泥浆泵

试验方案预设两种:

(1)单独对起动机构进行注水憋压试验。验证起动器缸体在钢球堵塞水流通道后,能否顺利在弹卡轴上向上准确爬升设计距离,在弹卡作用下起到限位作用。

(2)对整体结构进行注水憋压试验。按照由下至上的装配顺序依次装配球阀机构、歧管机构、蓄能机构、起动机构以及内管总成,模拟投放钢球后,钢球落入分离柱塞,钢球座改变水流方向,造成钻具内压力增大,在该压力作用下,起动机构向上爬升带动球阀发生 90°翻转。试验装配实物如图 3-35 所示。

第三章　液压驱动连杆关闭球阀式天然气水合物保压取芯钻具

图 3-35　钻具起动机构带动球阀翻转试验

实验结果表明：

(1)单独进行起动机构试验比较成功,在水力压力为 2MPa 左右时,起动器缸体能够在弹卡轴上爬升,但是几次试验后发现弹卡在起动器缸体内出现楔紧、卡死现象,给后续拆卸工作带来很大的困难,后期需围绕弹卡做进一步的修改与完善工作。

(2)整体装配进行起动试验结果表明,在水力压力为 3~4MPa 时,起动器缸体在水力压力作用下爬升,并带动球阀发生 90°翻转,如图 3-36 所示。

图 3-36　起动机构试验和整体球阀翻转试验结果

目前系统仍需进一步围绕起动机构内的弹卡进行修改设计、加工,再试验开展下一步的工作。

项目组针对以上问题专门召开会议分析研讨,最终提出了以下解决方案:

(1)起动机构送往加工厂进行同心度修正,讨论后认为起动机构在爬升过程中,活塞杆与缸体之间同心度被各连接口的丝扣限制了,导致起动器机构的弹卡与起动器缸体之间的同心度发生了改变,爬升过程中出现楔紧现象。

(2)调节起动机构行程位移,使得球阀在原设计基础上完成超前翻转,在确保球阀完全关闭的同时,起动机构也能执行到位。

经过修改后,再次进行起动机构带动球阀翻转试验,如图3-37所示。试验结果比较理想,球阀翻转成功,拆开内管后立即进行现场打压,如图3-38所示,目前以加压10MPa为基准进行球阀翻转后的保压密封测试。

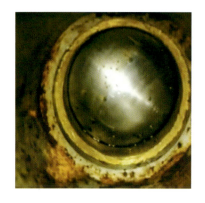

图3-37 优化后的执行机构翻转试验

图3-38 现场利用高压泵打压试验

如图3-39所示,3h前后压力变化可以证明钻具密封良好,3h保压率基本维持在99%以上。连续做10次平行试验,其中有8次成功,即钻具在实验室密封成功率可达80%以上,已基本具备陆地试验的条件。

图3-39 3h压力表变化情况

三、配套 PDC 钻头的设计和加工

设计的水合物保压取芯钻具样机配套用 PDC 钻头如图 3-40 所示。该钻头为底喷式钻头,阶梯状 PDC 切削具,硬质合金保径。

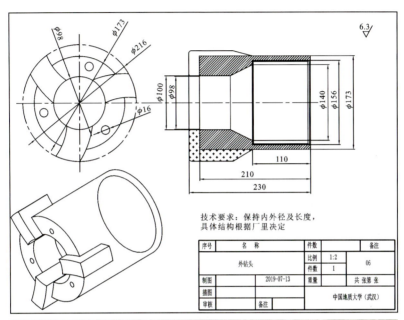

图 3-40　保压取芯钻具样机配套用 PDC 钻头

四、球阀密封结构优化设计

保压取芯钻具球阀密封结构如图3-41所示,实物如图3-42所示,其密封部件主要包括工作球体、球阀密封定位器、球阀密封、球阀阀座、O型密封圈2以及O型密封圈1(安装在钻头组件和操作器外套上)。其中,O型密封圈(属于挤压密封)在球阀和阀座两端存在压差时,O型密封圈1和O型密封圈2产生变形起到辅助密封作用,增强了下部密封的效果。

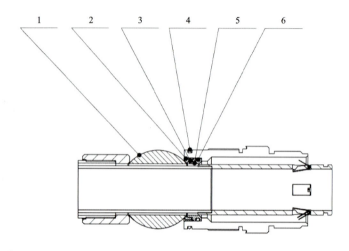

图3-41 保压取芯钻具球阀密封结构
1.工作球体;2.球阀密封定位器;3.球阀密封;4.O型密封圈1;5.球阀阀座;6.O型密封圈2

图3-42 保压取芯钻具球阀密封实物图

由于球阀在保压取芯钻具下密封中起到关键作用,目前在实际安装过程中出现了以下问题亟待解决:

(1)工作球体与球阀阀座之间间隙过小,导致球体不能完成360°自由旋转。

(2)在球阀旋转过程中,由于球体通孔两端面为刃口,旋转时会切割密封圈,导致旋转受阻以及密封圈损坏。

经过总结,明确球阀在安装过程中应注意以下4点:

(1)球体应能360°自由旋转,当球体旋转至全开位置时,球体与阀座之间应保持一定间隙。

(2)应保证球体不会过度旋转,若出现过度旋转,可通过调整连接件上枢销孔眼和操作器头部的位置进行调节。

(3)在安装球阀阀座、O型密封圈2、球阀密封和球阀密封定位器后,球体旋转时应具有一定阻力,以表明这些密封件与球体之间存在相互接触与挤压变形,从而保证后续球阀关闭时能提供良好的密封性能。

(4)当岩芯已转移至相应保存容器后,应将球体卸下并检查相应密封件的磨损情况,此时可能需要通过加深阀座上的密封腔体以减少对密封件的挤压,或加深操作器外套上的阀座腔体以增加球体和阀座之间的间隙。

现优化密封设计方案如下:

保压取芯钻具样机下部球阀密封结构的设计如图3-43所示,采用O型密封圈加调节垫片的方法。该方案可以通过垫片调节O型密封圈与球阀之间的间隙,通过带骨架的O型密封与球阀之间形成密封。

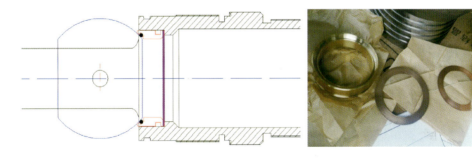

图3-43 改进的球阀密封设计结构及O型密封圈支架

第三节 液压驱动连杆关闭球阀式天然气水合物保压取芯钻具野外试验

一、试验准备工作

了解试验钻孔参数、循环泥浆参数、钻机参数,并将项目所设计钻具在现场进行适配,主要解决钻具外管下放、钻具内管起吊问题。如图3-44所示,已根据现场现有参数提前加工好钻具上部接头。

服从现场工作人员安排,利用现场场地进行钻具装配工作,仔细检查各模块是否装配为初始状态及是否可以完成预定功能,装配好等待钻孔到位后进行取芯操作。

图 3-44 钻具上部接头

(1)保证球阀处于打开状态,且与球阀座环之间的密封间隙调节到位,若球阀为关闭状态,应及时复位。

(2)检查所有密封圈是否按规范安装,尤其是歧管机构上的 Y 型密封圈是否安装正确,若有破损应及时更换,以免影响试验结果。

(3)确认所有弹簧均未出现疲劳失效,并按要求安装到位。

(4)检查歧管机构和蓄能器机构上所有锥阀,确保均处于初始状态。

(5)检查起动机构是否处于初始复位状态。

(6)检查拉矛限位机构钢球是否夹持到位。

(7)检查所有丝扣连接是否涂抹润滑油,确保各模块连接正常。

二、钻具装配

(一)歧管机构

(1)将 1 个钢球安装到探测器单向阀接头的排泄孔中。

(2)将单向阀底座安装到探测器单向阀接头的排泄孔中,使钢球坐在阀座上。

(3)将 O 型密封圈安装到探测器单向阀接头上。

(4)使用 34 个 5/16in 滚珠的滚珠轴承球和 2 个紧定螺钉,将探测器单向阀接头装置安装到探测器密封轴中,如图 3-45 所示。

(5)将探测器槽管安装到探测器密封轴中。注意拧卸时不要使用工具夹持探测器槽管的密封部位。将探测器总管轴安装到探测器密封轴中,确保探测器总管轴的台阶套在探测

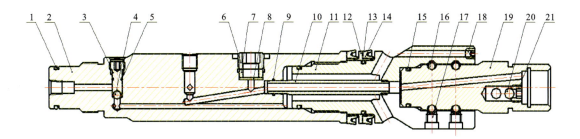

图 3-45 歧管部件装配图

1、5、9、13、15.密封圈;2.管轴;3.锥阀;4.锥阀球;6.活塞;7.盘环;8.压片;10.探测器锥管;11.密封轴;12.密封支座;
14.Y 型密封圈;16.滚动轴承球;17.紧定螺钉;18.紧定螺钉;19.单向阀接头;20.单向球;21.单向阀支座

器密封轴上,并不是套在探测器槽管上。如果探测器总管轴的台阶顶到探测器槽管,造成探测器槽管未进入到探测器总管轴的圆孔中,则拆下探测器总管轴和探测器槽管。使用 1/4in NPT 螺纹专用扳手将探测器密封轴上的探测器槽管螺纹旋紧。再一次确认探测器总管轴的台阶套在探测器密封轴上,并不是探测器槽管上,否则拆下探测器总管轴。

(6)将 2 个苯乙烯 Y 型密封圈安装到爆发盘活塞上。

(7)将探测器密封轴装置组装到探测器总管轴。

(8)将 1 个爆发盘压片安装到探测器总管轴上。

(9)将 1 个内径朝向爆发盘压片的爆发盘环安装到探测器总管轴上。

(10)将 1 个爆发盘活塞安装到探测器总管轴上。

(11)将 3/8in 的滚珠轴承放入进锥阀上,将锥阀安装到探测器总管轴上。

(二)蓄能器机构

(1)将 1 个 O 型密封圈安装到锥阀中,其中为进气球阀(见图 3-26)。注意将进气球阀的一部分拧入,以方便安装 O 型密封圈。

(2)将进气球阀安装到调节阀接头中。注意如果调节阀接头是新的或者球阀疑似泄漏,则将 3/8in 滚珠轴承放入球阀套中。使用锤子和冲头向下驱动滚珠轴承重新安装支座,然后拆下滚珠轴承。

(3)将 1 个排泄螺钉安装到调节阀接头中。

(4)将调节器泄压盖安装到调节阀接头中。

(5)将 1 个调节器弹簧盖和 1 个卸载弹簧安装到调节室中。

(6)将调节室组装到调节器接头上。

(7)将 2 个 O 型密封圈安装到调节器调节螺栓上,并将调节器调节螺栓安装到调节室中。

(8)将调节阀接头组装到同一端的蓄能筒中。注意蓄能活塞套应朝向调节阀接头。

(9)将 2 个锥阀安装到蓄能器接头中。注意如果蓄能器接头是新的或者球阀疑似泄漏,则将 3/8in 滚珠轴承放入球阀套中。使用锤子和冲头驱动滚珠轴承向下调整支座。

(10)将每个排泄螺钉安装到蓄能器接头中。

(11)将蓄能器接头组装到蓄能管上。

(三)球阀机构安装注意事项

球阀机构安装注意事项参见本章第二节"四、球阀密封结构优化设计"相关内容。

(四)井口预先模拟释放钢球动作

由于室内试验没有进行单独释放起动球的操作过程,因此需要进行现场试验。通过井架搭建垂直的钻具测试装置,测试钻具起动机构在井底释放起动球的功能实现。如图3-46所示,由上而下依次连接大钩、压力表、打捞器、钻具、下接头、固定底座。整个装置垂直后,通过绞车缓慢增加拉力,当打捞器拉动捞矛上升一定距离(图3-46黄色箭头),球夹套爪(图3-46蓝色)放开起动球(图3-46红色),实现其预定功能。

1. 试验设备

(1)井架。含绞车、大钩等。

(2)压力表。钻井用钻压表,量程大于10kN。

(3)打捞器。与矛头配套的常规打捞器。

(4)钻具。整个锁紧限位机构部分用于本测试。

(5)下接头。定制一头接测试钻具下端底接头的螺纹,另一头与固定底座连接的专用接头。

(6)固定底座。定制能通过螺栓与井架底座连接固定的装置。

2. 试验准备

(1)定制下接头、固定底座。

(2)标记测试压力表(钻压表)。

(3)组装钻具测试部分。

(4)整备试验井架及附属设施。

(5)预备打捞器。

3. 试验步骤

(1)将起动球放置在球夹套爪内。

(2)连接大钩、压力表、打捞器、钻具、下接头、固定底座。

(3)绞车拉紧测试装置。

(4)缓慢加大拉力至5~10kN,观察钻压表。

(5)观察记录起动球掉落,及其对应钻压变化。

第三章 液压驱动连杆关闭球阀式天然气水合物保压取芯钻具

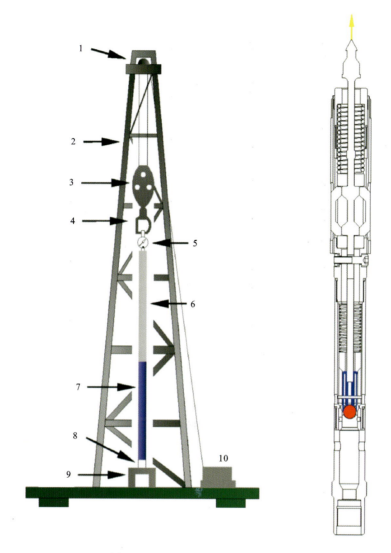

图3-46 试验装置和钻具试验原理图
1.天车;2.井架;3.游车;4.大钩;5.压力表;6.打捞器;7.钻具;8.下接头;9.固定底座;10.绞车

4. 注意事项

(1)下接头与固定底座在钻具轴线上应留出起动球掉落空间,方便观察记录。
(2)试验过程可能需要调试更换钻具内部弹簧,然后反复进行试验。

三、试验方案

通过创造测试钻具内部泥浆压力环境状态,模拟执行机构在井底的功能实现。如图3-47所示,将测试钻具连接到井架的水龙头上,泥浆泵将泥浆泵入钻具,从而提供内部压

59

力环境。在泥浆压力条件下,当起动球掉落到位后,钻具内部水路改变,推动岩芯管上升,同时球阀在岩芯管全部收回后,机械翻转90°。

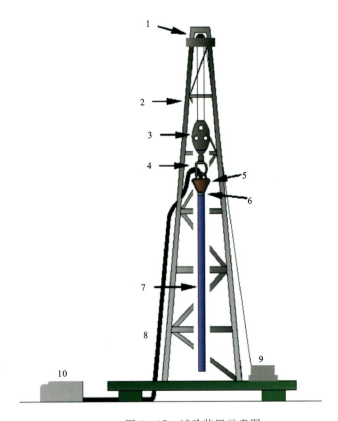

图 3-47　试验装置示意图

1.天车;2.井架;3.游车;4.大钩;5.水龙头;6.接头;7.钻具;8.泥浆管线;9.绞车;10.泵

1. 试验设备

(1)井架。含绞车、水龙头等。

(2)泵。由现场泥浆泵决定。

(3)泥浆管线。自水龙头至泥浆泵,泥浆泵至泥浆池。

(4)接头。定制一头接水龙头螺纹、另一头接钻具顶接头螺纹的专用接头。

(5)钻具。从顶接头开始,到取芯钻头一段,用于本实验测试。

2. 试验准备

(1)定制接头。

(2)标记球阀角度位置。

(3)组装钻具测试部分。

(4)准备实验井架及附属设施。

(5)预备泥浆池。

3. 试验步骤

(1)将起动球放置在预定位置。

(2)连接钻具、接头、水龙头。

(3)连接泥浆泵。

(4)开泵,缓慢加大泵压至5～10MPa,观察泵压表。

(5)观察岩芯管运动起始和结束,及其对应泵压变化。

(6)下放钢丝绳打捞内管。

保压取芯钻具内管打捞完成后,拧下内钻头,通过观察提前画在球阀上的记号是否旋转到正下方,即可大致判断球阀是否旋转90°。之后迅速拆除快接机构以上部分,卸掉上中层管,通过观察歧管机构上的压力表锥阀是否露出以及起动机构是否执行到位,综合判断出此次取芯实验执行机构是否到位。

在执行机构到位的前提下,球阀翻转90°正常关闭,锥阀3(见图3-45)的垂直方向接压力表,打开歧管机构的锥阀3,察看压力表读数,与地层经验压力比较,判断是否成功保压密封。若压力表读数为0或者读数较小,可接上高压充气泵进行现场打压,根据压力表读数即可判读出此次取芯操作是否成功。

四、试验过程和结果

项目组在山东省东营市河口区刁口试验场完成了第一次陆地试验,试验现场主要设备包括:①一台全液压车载动力头式钻机;②独立的泥浆循环、处理以及排放系统③QZ3NB-350(三缸单作用活塞泵)泥浆泵1台;④配合打捞用卷扬机1台;⑤辅助叉车2台。如图3-48所示,共进行了3个回次的试验,具体情况如表3-11所示。

(a) (b) (c) (d)

图3-48 刁口试验现场主要设备

(a)液压动力头车载钻机;(b)泥浆循环处理系统;(c)打捞卷扬机;(d)QZ3NB-350泥浆泵

表 3-11 刃口试验场陆地试验记录表

回次序号	孔深/m	进尺/m	泵量/(L·min⁻¹)	泵压/MPa	钻压/t	转数/(r·min⁻¹)	阀门关闭情况	打压/MPa	保压30min后压力/MPa	岩芯长度/m	岩芯采取率	备注
1	48.00	1.25	400	1~1.5	1~2	50~60	球阀未关闭	—	—	无	—	48m(开始取样井深),第1回次打捞内管总成卡在钻杆内孔中,未打捞成功,提钻取出
2	56.05	1.00	400	0.9~1.3	1~2	50~60	球阀未关闭	—	—	无	—	第2回次开始取样钻井深度为56.05m。钻井泥浆性能:密度1.14g/cm³,黏度65s,含砂量0.5%,失水量6mL/30min。第2回次打捞内管总成卡在钻杆内孔中,未打捞成功,提钻取出
3	56.05	0	400	1.5~3.0	0	0	球阀关闭	15	15	无	—	

1. 第一回次

第一回次钻进参数如表 3-11 所示,操作步骤如下:

(1)在地面依次将外管总成以及内管总成组装好,如图 3-49、图 3-50 所示(钻头、外管、转接头以及限位座环)。

(2)现场司钻及工人负责将外管和钻杆下放到井底。

(3)利用钻机卷扬起吊内管总成。注意投放内管总成需要用夹板夹持起吊,不能采取直接悬挂打捞器的方式下放,否则将会把钢球释放,堵住中心通道,导致泥浆不能形成循环,无法钻进。

(4)夹板坐落在孔口,用扳手慢慢松开夹板螺栓,直到夹板间隙增加到内管总成掉落到孔内。

(5)内管总成在掉落过程中,拉矛限位机构的弹卡在钻杆内会缩回,直至下落到外管总成,外管总成的座环与内管总成相互配合形成限位,此时内钻头将会超前 10~15cm。

(6)开启泥浆泵,泵量为 400L/min,钻机继续钻进,钻进过程中,内管总成拉矛限位机构的弹卡会弹开在弹卡接头内,进而通过外管将扭矩传递给内管总成,内岩芯管和内管总成之间设有单动机构,故内岩芯管不跟随旋转。

图 3-49　下放外管总成　　　　　图 3-50　下放内管总成

(7) 进尺 1.25m 后,使用动滑轮和地面卷扬,打捞器投放到孔底,确定打捞器和拉矛挂钩后,操作地面卷扬上提 40cm,释放钢球。

(8) 投放打捞器钢筒,使打捞器脱离拉矛,卷扬上提,将打捞器拉离孔口。

(9) 开启泥浆泵,憋压至 3~4MPa。

(10) 下放打捞器,将内管总成提至地面。

第一回次共出现两个问题导致取芯失败:

(1) 如图 3-51 所示,拉矛限位机构的弹卡存在自锁现象(拉矛上下移动时,带动弹卡两端滑块一起移动且上提力不均匀时,出现不同心向上移动时弹卡发生自锁现象),导致提钻时内管总成过不了弹卡接头(图 3-52)。

(2) 钢球抓取器在装配过程中遭到破坏,发生变形。一方面,弹卡发生自锁现象,打捞器向上提起过程中,弹簧不能被压缩,钢球不能得以释放;另一方面,打捞器向上提起一段距离后,弹卡自锁,内管总成回落时卡在钻杆接头处和外管座环不能形成较好的封堵泥浆作用,最终导致憋压失败。

2. 第二回次

分析弹卡自锁原因后,对拉矛限位机构的弹卡部分单独进行修改调试,主要修改如下:

(1) 限位螺钉由原来的 $\Phi 20mm$ 改为 $\Phi 24mm$。确保拉矛在提起过程中,只能发生微小角度的旋转,减小了带动弹卡两端滑块发生偏转的可能性。

(2) 弹卡与拉矛上配合的沟槽部分棱角加以打磨,以防止出现互相锁紧现象。

图 3-51　下放内管总成弹卡自锁　　　　图 3-52　拉矛部件卡在钻杆内

经过修改后,在水平地面上将拉矛限位机构穿放到钻杆内,采取人工拉伸拉矛进行试验的方式,虽然情况有所改变,但是还是会出现卡到钻杆内现象。因此,只能再次改变试验方式,到孔口模拟真实的起下钻过程,但结果还是不太乐观。

第二回次结束后,拉矛限位机构依然被卡在钻杆内,只能全部起钻进行事故处理。

3. 第三回次

为了避免前两个回次出现的卡钻问题,做了以下调整:
(1)拆除弹卡,弹卡主要功能在于传递扭矩和限位作用,第三回次试验采取不进尺方式。
(2)只下放外管总成,且只连接一根钻杆,进行憋压球阀翻转试验。

排除弹卡问题后,整体试验进展较为顺利,钻杆内憋压能够维持到3MPa左右,打捞外管至地面,如图3-53所示,执行机构成功带动球阀翻转90°,现场打压10min至岩芯管压力到15MPa(图3-54、图3-55),保压30min后,内岩芯管压力仍保持为15MPa。第三回次试验充分说明钻具的执行机构和保压密封性能是可靠的。

五、试验过程发现的问题及解决方案

前期室内试验为课题组积累了大量的经验,获得了丰富的试验数据,从试验方案设计、试验操作到试验改进都为生产试验奠定了扎实的基础。钻具的执行机构和保压密封性能是可靠的,基本达到了球阀成功翻转后保压密封15MPa的试验目的。本次陆地生产试验暴露出钻具仍然存在一些待解决的问题,为课题组下一步研究指明了方向。

第三章　液压驱动连杆关闭球阀式天然气水合物保压取芯钻具

图 3-53　球阀成功翻转　　　　图 3-54　现场打压　　　　图 3-55　15MPa 保压 30min

（一）试验存在的问题

（1）拉矛限位机构的弹卡功能不可靠。在陆地试验中发现拉矛限位机构由于加工精度和调试实验不够充分的问题,弹卡出现自锁现象,在打捞过程中,弹卡不能很好地回弹,导致在通过钻杆接头时卡在接头变径位置,最终只能通过起钻处理。

（2）打捞器解卡可靠性不足。在陆地试验中通过车载钻机动力头增加定滑轮的方式,使得地面卷扬的钢丝绳改变方向下放打捞器,由于钻具进尺结束后,需要下放打捞器向上提起一定距离达到释放钢球的目的,该动作完成后,投放打捞器配套钢筒解卡进行后续憋压使球阀关闭动作,本次试验中发现投放一次钢筒存在未能解卡现象,再投放另一备用钢筒才得以解卡。

（3）钢球抓取器装配过程中损坏。由于装配过程过于着急,钢球抓取器严重变形,经过修改后对钢球释放功能还是出现一定的影响,且钢球抓取器需要调节合适的位移伸入其支座内,既要保证钢球被牢牢卡住,又要使拉矛在向上提升过程中能够可靠地释放钢球。

（4）爪岩芯捞取壳体楔在内钻头台阶上,可能导致球阀翻转失败。爪岩芯捞取壳体通过丝扣连接在内岩芯管上,由于起动执行部分间隙调节后,爪岩芯捞取壳体初始伸出位置变长,而内钻头上原本有台阶与其配合,钻进过程中通过钻杆传递竖直向下的压力,最终出现爪岩芯捞取壳体楔紧在内钻头台阶上,进一步会影响到球阀的完全翻转。

（二）解决方案

（1）优化拉矛限位机构的弹卡结构。课题组拟采用国内较为成熟的 S75 拉矛机构,通过和厂家沟通,把 S75 的拉矛以及弹卡限位机构嵌套在保压取芯钻具内,但不减少投放钢球功能。

(2)通过更换成 S75 绳索取芯拉矛限位机构后,同时配套成熟的打捞器以保证打捞器解卡的可靠性。

(3)加工新的钢球抓取器,详细分析钻具内易损零部件,并配套至少两件。对于调节钢球抓取器位移,后续进行更充分的理论分析和室内试验,确保钢球抓取器在一定的位移范围内可调节,保证其功能的可靠性。

(4)对爪岩芯捞取壳体和内钻头部分分别在三维模型上模拟演示和在实验室进行装配测试,准确地在内钻头上加工出台阶,确保有足够的间隙保证爪岩芯捞取壳体不楔在台阶上,影响球阀成功翻转。

第四章　三弹卡齿轮-齿条关闭球阀式天然气水合物保压取芯钻具

由工作原理可知，液压驱动连杆关闭球阀式天然气水合物保压取芯钻具的取芯工艺过程比较复杂：岩芯管打满后，需要停泵并下入打捞器，打捞器提拉内管后，工作钢球掉落并堵住中心通道；接着开泵，在液压作用下岩芯内管相对外管错动，球阀关闭；再次下入打捞器将岩芯内管提至孔口。整个取芯过程需下入两次打捞器，相对较复杂，降低了成功取芯的可靠性。为了简化取芯工艺流程，提高取芯钻具的工作性能，课题组在液压驱动连杆关闭球阀式天然气水合物保压取芯钻具的基础上成功研制了三弹卡齿轮-齿条关闭球阀式天然气水合物保压取芯钻具。

第一节　三弹卡齿轮-齿条关闭球阀式天然气水合物保压取芯钻具结构原理

运用模块化设计理念研制的三弹卡齿轮-齿条关闭球阀式天然气水合物保压取芯钻具由外管总成、三弹卡提升定位机构、在线检测机构和球阀机构四大部件组成（图4-1）。外管总成与钻杆连接，在海底进行钻进；三弹卡提升定位机构主要由3个不同功能的弹卡机构组成，可实现提升、定位和传递扭矩等功能；在线检测机构与球阀机构之间由岩芯管连接，可形成一个密封的腔体。在天然气水合物钻取过程中，钻具可实现对天然气水合物岩芯的保压密封。

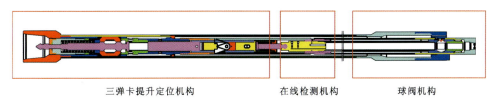

图4-1　三弹卡齿轮-齿条关闭球阀式天然气水合物取芯钻具结构图

工作开始前，在地面将天然气水合物保压取芯钻具组装完成，初始状态下，通过三弹卡机构可以实现外钻杆与取样器、取样器与内管总成的定位。在线检测机构的气体快速检测接头处阀门处于关闭状态，球阀机构中工作球处于打开状态。

组装完成后用夹板夹住取样器肩盖后起吊，放至井口后慢慢松开夹板，将内管总成投放到孔底，在座环的限制下内管总成会坐落在内管当中，此时内钻头会超前外钻头。开泵钻进，钻机带动外管旋转，通过弹卡传递扭矩，带动内管总成转动，此时开始采取水合物岩芯，当内岩芯管装满岩芯后便可进行取样操作。

取样过程如下：在地表停泵结束钻进，通过绳索下放打捞器（图中未画出），打捞器钩住取样器上部的捞矛头，通过副卷扬机提取内管总成。提取过程中，齿轮-齿条结构带动球阀翻转90°。此时钻具内部在在线检测机构和球阀机构之间形成了一个密封的腔体，处于该密封腔体内的岩芯样品压力保持不变，该压力等于孔底冲洗液的液柱压力。然后继续提升，直至打捞器将除外管总成外的取芯钻具提至地表，完成保压取样操作。

为更好地研制天然气水合物保压取样器，需在设计阶段使用三维软件、二维软件和有限元仿真软件进行阶段性设计和计算。取样器设计先使用Solidworks进行三维建模，形象直观地检查各个零部件尺寸链和装配关系，进而确定相关重要机构的执行动作是否达到预期设计目标，完成相应功能；三维建模阶段无误后，使用二维软件CAD或者CAXA绘制取样器的零部件图纸和总体装配图，便于厂家加工和装配；最后使用ANSYS对关键零部件的力学性能进行校核，确定各相关零部件是否满足材料的安全极限。

一、外管总成

外管总成（图4-2）主要由外管与钻杆接头、拔差段、第一弹卡限位槽、座环、长钻杆、外管钻头接头和外钻头七大部分构成。外管总成的长度设计依据是内管总成与内钻头总长度之和，作用是在取芯钻进过程中负责传递钻机产生的扭矩给内管总成，且中心通道可完成对内管总成的投放与打捞，实现快速取芯要求。

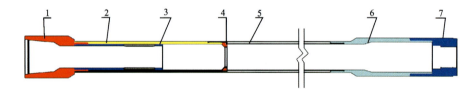

图4-2 外管总成

1.外管与钻杆接头；2.拔差段；3.第一弹卡限位槽；4.座环；5.长钻杆；6.外管钻头接头；7.外钻头

二、三弹卡提升定位机构

三弹卡提升定位机构（图4-3）主要包括牵引轴、三弹卡机构以及弹簧等零部件。提拉牵引轴可以起到3个作用：①完成对第二弹卡、第三弹卡的解卡，解除内管总成在钻杆中钻进状态时的限位作用；②产生的机械提拉可使球阀齿轮-齿条发生位移，带动球阀翻转90°实现关闭；③打捞起钩住牵引轴上端，最终实现从海底对内管总成的打捞，完成取样过程。

第四章 三弹卡齿轮-齿条关闭球阀式天然气水合物保压取芯钻具

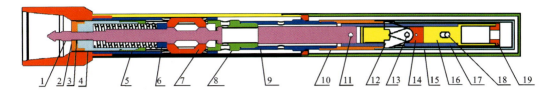

图 4-3 三弹卡提升定位机构

1.牵引轴;2.第三弹卡压盖;3.第三弹卡压环;4.牵引轴端盖;5.第一弹卡弹簧;6.挡圈;7.第一弹卡;8.第一弹卡室;9.限位接头;10.第二弹卡挡头;11.牵引轴销;12.第二弹卡;13.第二弹卡销;14.第二弹卡座;15.第二弹卡室;16.第二弹卡架;17.回收管;18.第二弹卡回收销;19.缓冲器端盖

三弹卡机构的构成特点和作用如下:

(1)第一弹卡在弹簧预张力作用下处于弹开状态,内管总成经由外管总成中心孔投放到海底后,限位接头坐落在座环上,内管总成不再下落,此时外管总成继续旋转钻进,张开的第三弹卡会被卡进拔差段的槽口中,不仅能将外管总成的扭矩传递到内管总成,而且能够防止出现钻进时岩芯进入岩芯管时使内管总成向上发生位移的可能。

(2)第二弹卡类似于 S 系列绳索取芯钻具中的弹卡,由回收管、弹卡架、弹卡室和扭簧等零件组成,主要起到限制内管在钻进取芯时发生上窜现象。在取芯完成后,打捞起提拉牵引轴可带动回收管竖直向上移动,迫使第二弹卡完成回缩,解除内管在轴向上的限制。

(3)第三弹卡由弹卡压盖、弹卡压环和牵引轴上的卡槽共同构成,第三弹卡初始弹卡压环在自身弹性变形范围内抱箍在牵引轴上,在牵引轴向上提拉一定位移后,第二、第三弹卡分别解卡,且取样器下部球阀关闭,此时弹卡压环回弹并卡在牵引轴上预先开设的卡槽中,限制了内管在中层管中的最后位置,防止其回落。

三、在线检测机构

在线检测机构(图4-4)主要由阀体密封接头、过水接头和O型密封圈三部分构成,包括气体快速测试锥阀两组、排气孔、单向球阀、内岩芯管。在线检测探头分别为压力探头和

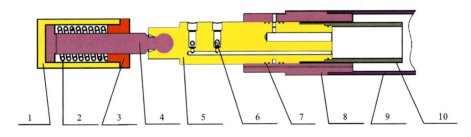

图 4-4 在线检测机构

1.第二弹卡缓冲器端盖;2.第二弹卡架;3.第二弹卡缓冲器弹簧;4.铰链杆;5.阀体密封接头;6.快速测试锥阀;7.O型密封圈;8.过水接头;9.中层管;10.内岩芯管

原样取样装置,安装在锥阀的下部,与内岩芯管之间有空心通道连接,另一条空心通道连接至单向排气阀,在采取岩芯的过程中起到排气的作用;岩芯管被打捞到地面后,可实现对其内部压力进行测试和快速采气测试的操作。

四、齿轮-齿条球阀机构

齿轮-齿条球阀机构(图4-5)包括内钻头接头、球阀阀体、阀座、工作球体、齿轮和齿条等零件。内钻头接头上端与内岩芯管通过螺纹连接在一起,下端与内钻头通过螺纹连接在一起,阀座安装在球阀阀体内,对称布置于工作球体的两端。齿轮外部是直齿,内部是阀杆,阀杆镶嵌在工作球上,内钻头接头上设计有齿条,可与齿轮相配合。当内岩芯管带动阀体一起向上移动时,内钻头接头是固定不动的,二者可以产生相对位移,在齿轮-齿条的传动下,阀杆可带动工作球体旋转。

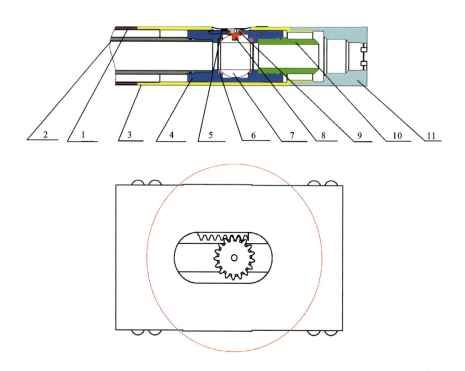

图4-5 齿轮-齿条球阀机构
1.中层管;2.内岩芯管;3.内钻头接头;4.球阀阀体;5.齿条;6.阀座;7.球体;
8.阀杆;9.齿轮;10.管靴;11.内钻头

球阀能否保压密封关键是要根据理论计算出的密封比压来合理选取球体密封圈的尺寸,本书拟选取聚四氟乙烯和聚酰胺两种材料加工密封圈并根据试验结果最终确定优选方案,这两种材料都是制造密封圈的常用材料,具体介绍如下:

(1)聚四氟乙烯(PTFE-F4)具有优良的耐热性和耐寒性,并具有不黏性、良好的自润滑性和低摩擦系数(0.05)等特点,但是有冷流倾向,可长期工作在-250~260℃之间,能承受5MPa载荷,密度为2~4g/cm³,导热系数为0.25W/(m·c),线膨胀系数为(10~15)×10⁻⁵℃,抗拉强度为10~30MPa,弹性模量为400MPa,抗压强度为710MPa,弯曲强度为14MPa,能耐浓酸、浓碱、强氧化剂(如王水)和任何浓度沸腾的氢氟酸等介质。

(2)聚酰胺(N1010)在常温下具有较高的抗拉强度、良好的冲击韧性、高的硬度和疲劳强度等特点,特别是耐磨性和自润滑性能优异,摩擦系数低(0.03)。密度为1.5g/cm³,导热系数为0.25W/(m·c),线膨胀系数约为10.5×10⁻⁵℃,抗拉强度为196MPa,弹性模量为1300MPa,抗压强度为310MPa,弯曲强度为310MPa,化学性能良好,耐弱酸、弱碱和一般溶液,耐油性能优异。

第二节 齿轮-齿条启闭球阀方式理论校验及数值模拟

通过理论推导计算对取样器的保压岩芯仓强度校核,对浮动球阀的密封力及比压进行计算以校核球阀的密封性能,对球阀的启动扭矩进行计算,判断取样器整体提拉力是否能够顺利使球阀完成翻转;利用 ANSYS 有限元软件进行功能模块的可行性及适用性模拟试验,在室内对加工的样机进行功能模块和整体的调试与试验。针对齿轮-齿条球阀在翻转时齿轮与齿条啮合处的应力集中现象进行模拟,以判断变形情况;对旋转至不同角度的球体对阀座的挤压变形进行模拟,以验证理论过程中计算出的密封比压,以指导后续试验中密封圈的优化;通过相应软件对设计的结构进行模拟试验,及时优化各功能模块和整体的设计,为样机测试与试验提供理论基础。

一、保压岩芯仓强度理论计算

设计的天然气水合物保压取样器的使用环境是海底,深度在1000m左右,岩芯保压仓内部需要承受10~15MPa的压力,故设计阶段需要对保压岩芯仓强度进行理论计算,计算公式参见式(3-1)~式(3-3)。经计算,$N=1.8$,满足安全要求。

二、球阀密封比压计算

设计的球阀类型为浮动球阀,它的主要功能是切断内岩芯管中水合物岩芯的泄漏通道。该球阀的工作原理是借助上部拉矛对岩芯管施加拉力,从而传导至齿轮在齿条上旋转,带动与齿轮相连的阀杆及球体,使其旋转90°,完成开启或关闭阀门的动作。造成球阀翻转后压力泄漏的最主要原因是球体与密封座之间存在的间隙,故设计球阀时选择合适的密封比压,可以最大程度保证球阀保压密封的可靠性,且为了减小球阀翻转时与密封座之间的摩擦力,应尽可能在满足密封比压的条件下选择较低的密封比压。

(一)球阀类型

球阀阀座的密封原理根据阀座结构的不同,球阀可分为浮动球阀和固定球阀两大类(图4-6)。浮动球阀即阀座固定而球体浮动,当阀体内充有一定压力时,球体在球阀轴向方向产生位移,此时球体密封面与后端阀座发生紧密配合而压紧,使它与阀后阀座密封而更紧密地接触,从而使该密封面上的比压增大,该密封面成为主要的密封面;同时,球体密封面与前端阀座所解除的密封面上比压减小,成为次要密封面。固定球阀与之相反,即阀座浮动而球体固定,此时球阀内的压力不能使球体产生轴向位移,而是阀座通过弹簧或内部压力压向球体,从而建立密封比压。与固定球阀相比,前者具有体积小、结构简单的特点,本次所设计的球阀就采用了此种类型。

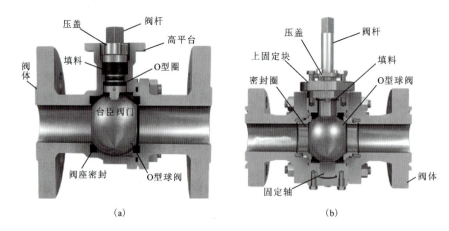

图4-6 浮动球阀(a)和固定球阀(b)

(二)球阀最小密封比压计算

最小密封比压通常也叫必需比压,即密封面单位面积上的最小压力,它直接影响球阀保压密封性能以及球阀密封座的尺寸大小,根据《阀门设计计算手册》(第二版)第四章中必需密封比压的计算,经验公式如下:

$$q_b = m \left[\frac{a + c \cdot p}{\sqrt{\frac{b}{10}}} \right] \tag{4-1}$$

式中:m 为与流体介质有关的系数,本书为天然气水合物,取 $m=1$ 即可;a、c 为与密封面材料有关的系数,本书密封面选取聚四氟乙烯和尼龙,则 $a=1.8$,$c=0.9$;p 为流体介质的工作压力(MPa),本书所设计球阀耐压 0~15MPa;b 为密封面径向宽度(mm),本书根据所需设计球阀尺寸确定 $b=5$mm。

将设计参数代入计算,根据必需密封比压计算值随压力变化绘制折线图(图4-7)。

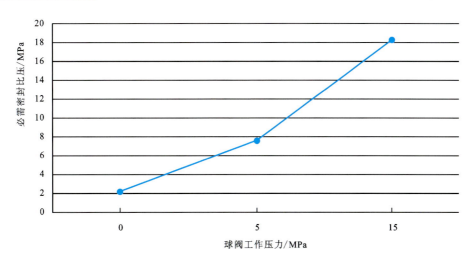

图 4-7 必需密封比压随球阀工作压力变化关系规律

由计算的必需密封比压随球阀压力变化规律图不难得出,球阀的必需比压随着工作压力的增加而增加,本书所设计的取样器球阀工作压力介于 0~15MPa 之间,为了满足需求,必需比压应不小于 18.21MPa。

(三)球阀工作密封比压 q 计算

浮动球阀的工作密封比压 q 是密封座单位面积上的压力,球阀受力简图如 4-8 所示,可利用以下公式进行计算(黎永发,2016;陈英华,2005):

$$q = \frac{F_N}{A} \tag{4-2}$$

$$F_N = \frac{F_M}{\cos\theta} \tag{4-3}$$

$$F_M = \frac{\pi}{4} \cdot pR^2 \sin^2\theta \tag{4-4}$$

$$A = 2\pi R(L_2 - L_1) \tag{4-5}$$

根据球阀受力简图,结合几何知识可得

$$R\sin\theta = D_2 \tag{4-6}$$

$$D_2 = \frac{D_0 + D_1}{2} \tag{4-7}$$

$$L_1 = \frac{\sqrt{R^2 - D_0^2}}{2} \tag{4-8}$$

$$L_2 = \frac{\sqrt{R^2 - D_1^2}}{2} \tag{4-9}$$

整理后得出球阀工作密封比压为

$$q = \frac{F_N}{A} = \frac{p \cdot (D_1 + D_0)}{4(D_1 - D_0)} \tag{4-10}$$

式中:F_N 为密封面对球面的法向压力(N);A 为环形密封面积(mm^2);F_M 为作用在密封面上总的作用力(N);θ 为密封面法向与球阀轴线方向的夹角(°);p 为球阀工作耐压(MPa);D_0 为密封面内径(mm);D_1 为密封面外径(mm);D_2 为密封面平均直径(mm);L_1、L_2 分别为球体中心到密封面的最小、最大距离(mm)。

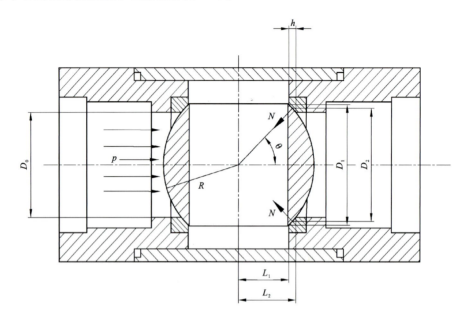

图 4-8 浮动球阀受力简图

分别将球阀阀座相关参数以及查表得知的 $p=15MPa$、$D_0=45mm$、$D_1=51mm$ 代入公式进行计算,可得球阀工作密封比压为 60MPa。从计算过程和结果分析可知,当介质对球阀密封面的作用压力一定时,密封面的平均直径越小,密封面上的平均密封比压就越大。

三、保压取样器提拉力计算

保压取样器的提拉力由取样器内管总成的自重、球阀翻转所需扭矩、取样器零部件之间的摩擦扭矩决定,故需分别对球阀的启动扭矩和取样器摩擦扭矩进行理论计算。

(一)球阀启动扭矩 M

球阀的启动扭矩决定了齿轮-齿条的结构设计以及球阀相关零部件材料的强度选择,球阀的启动扭矩主要由工作球面与密封座之间的摩擦转矩 M_0、阀杆与O型密封圈的摩擦转矩 M_1 组成(陈英华,2005):

$$M = M_0 + M_1 \tag{4-11}$$

M_0 由球体密封面在旋转时与密封座产生的摩擦力产生,随着球体的转动,力矩 r 从 $R\cos\theta$ 变化到 R。根据几何知识,选取平均力矩 r_m 计算工作球面与密封座之间的摩擦转矩 M_0:

$$M_0 = fr_m = \mu F_N \cdot r_m \tag{4-12}$$

$$r_m = \frac{R(1+\cos\theta)}{2} \tag{4-13}$$

结合球阀工作密封比压 q 计算公式,整理可得

$$M_0 = \frac{\mu\pi pR(1+\cos\theta)(D_0+D_1)^2}{32\cos\theta} \tag{4-14}$$

式中:μ 为球体与密封座的摩擦系数,本书取 0.1。代入其余数据 $p=15\text{MPa}$、$R=34.5\text{mm}$、$\theta=45°$、$D_0=45\text{mm}$、$D_1=51\text{mm}$,经计算得 $M_0=694.52(\text{N}\cdot\text{m})$。

阀杆与 O 型密封圈的摩擦力矩 M_1 分为安装时预压缩阶段与配合轴形成的摩擦力矩 M_Y 和在孔内介质压力作用下继续压缩增加的摩擦力矩 M_Z,则有

$$M_1 = M_Y + M_Z \tag{4-15}$$

$$M_Y = f_Y \cdot \frac{d_0}{2}; M_Z = f_Z \cdot \frac{d_0}{2} \tag{4-16}$$

$$f_Y = \frac{0.2\pi^2 cf d_0 DE}{1-\mu^2} \cdot \left(1+2\mu\frac{d_0}{D}\right) \tag{4-17}$$

$$f_Z = \pi f d_0 pD \frac{\mu}{1-\mu} \tag{4-18}$$

整理可得

$$M_1 = \frac{0.1\pi^2 cf d_0^2 DE}{1-\mu^2} \cdot \left(1+2\mu\frac{d_0}{D}\right) + \frac{1}{2}\pi f d_0^2 pD \frac{\mu}{1-\mu} \tag{4-19}$$

式中:f_Y 为 O 型密封圈预压缩与阀杆的摩擦力(N);f_Z 为介质压力下 O 型密封圈与阀杆间增加的摩擦力(N);f 为 O 型密封圈与所在孔的摩擦系数;c 为 O 型密封圈预压缩率;μ 为阀杆与 O 型密封圈摩擦系数;d_0 为 O 型密封圈直径(mm);D 为 O 型密封圈所在轴外径(mm);E 为 O 型密封圈弹性模量(MPa)。

代入参数 $f=0.3$、$\mu=0.1$、$c=0.2$、$d_0=2.65\text{mm}$、$D=24\text{mm}$、$E=7.84\text{MPa}$,经计算可得 $M_1=212.20(\text{N}\cdot\text{m})$。

因此,球阀启动总扭矩 $M=M_0+M_1=694.52+212.20=906.72(\text{N}\cdot\text{m})$。

(二)取样器其他拉力 F_T 计算

本书设计的取样器所产生的摩擦扭矩来源于岩芯保压仓上端 4 组 O 型密封圈与过水接头间的摩擦 F_1 和弹卡机构在机械提拉力后产生回缩时克服弹簧弹力 F_2。需分别进行计算,然后叠加求和:

$$F_T = F_1 + F_2 \tag{4-20}$$

岩芯保压仓上端 4 组 O 型密封圈与过水接头间的摩擦 F_1 可根据公式(4-17)与公式(4-18)进行计算,代入参数 $d_0=2.65\text{mm}$、$D=62\text{mm}$,得 $F_1=543.72(\text{N})$。

弹卡机构在机械提拉力后产生回缩时克服弹簧弹力 F_2 可利用弹簧设计软件进行计算,取样器在设计阶段,第一弹卡在压缩 22mm 时,内管总成解卡,即计算第一弹卡最大压缩量

为 22mm 时需提供的拉力 F_2，表 4-1 是关于第一弹卡弹簧的设计参数及相对应的公式与数据。

经计算，第一弹卡弹簧压缩量为 22mm，则弹卡机构在机械提拉力后产生回缩时克服弹簧弹力 F_2 为 2 305.6N，则取样器其他拉力力 $F_T=F_1+F_2=543.72+2\ 305.6=2\ 849.32(\text{N})$。

表 4-1 第一弹卡弹簧设计参数及相对应的公式与数据

名称	单位	公式及数据
弹簧材料		碳素弹簧钢丝 C 级
弹簧线径 d	mm	8
弹簧中径 D	mm	35
极限载荷 P_j	N	2887
单圈刚度 P'_d	N/mm	943
自由高度 H_0	mm	220
有效圈数 n	圈	9
总圈数 n_1	圈	$n_1=n+1.5=10.5$
弹簧刚度 P'	N/mm	$P'=P'_d/n=943/9=104.8$
载荷 F_2	N	$F_1=P'\times(H_0-H_1)=104.8\times22=2\ 305.6$

四、取样器球阀有限元分析

通过对驱动球阀的两种不同方式进行数值模拟，对比连杆连接球阀和齿轮-齿条球阀关键部位的应力分布和变形量，对取样器的加工以及试验奠定基础；通过模拟球体在翻转时与密封面解除分析，求解出球体和密封座密封面上的应力分布，间接验证前面计算的球阀密封比压是否符合设计要求。

（一）取样器驱动球阀翻转方式

水合物取样器驱动球阀翻转的方式一般有两种，分别是连杆驱动和齿轮-齿条驱动，二者共同点是以球阀阀体为参照，分为内外筒体，在驱动球阀旋转时，内外筒体发生相对位移，最终依靠与球体相连的阀杆获得一定扭矩带动球体完成翻转。二者所不同的是驱动阀杆的方式，前者主要依靠连杆一端连接外筒，一端连接球体上的阀杆，内外筒产生相对位移时，形成连杆绕着阀杆运动从而带动球体发生翻转；后者则是齿条固定在外筒上，齿轮与阀杆相连，内外筒产生相对位移时，形成以齿轮-齿条相互啮合从而带动球体发生翻转。

虽然连杆驱动球阀的方式更易实现，加工精度亦没有齿轮-齿条严苛，但经过分析后，本书所设计的取样器驱动球阀关闭的方式采取齿轮-齿条式，原因如下：

（1）在外筒管壁厚度一定的情况下，齿轮-齿条式球阀较连杆式球阀所占用的径向空间较小，结构较为紧凑，这为日后探索下一代更大取芯直径的取样器奠定了基础。

（2）保压取样器最终要兼容水合物带压后处理系统，即要求在保压状态下，实现取样器岩芯仓的水合物岩芯对接后处理系统并转移，这就需要取样器下端的球阀密封能够在取芯结束后在外界实现关闭和开启，这是连杆驱动机构所难以实现的，而本书所设计的齿轮-齿条球阀机构能够通过键以及弹卡定位的方式实现在外部对球阀的启闭控制，并对齿轮、齿条以及键槽等关键部位进行了工艺上的处理，增加了强度，尽可能延长了零部件的使用寿命。

（二）连杆球阀静力分析

在 Soliclworks 软件 Engineering Data 中设置材料属性，选中“General Materials”→“不锈钢 Stainless Steel”作为球阀部件关键零件的材料，此处不做限定，可以选择其他替代材料，如图 4－9 所示。

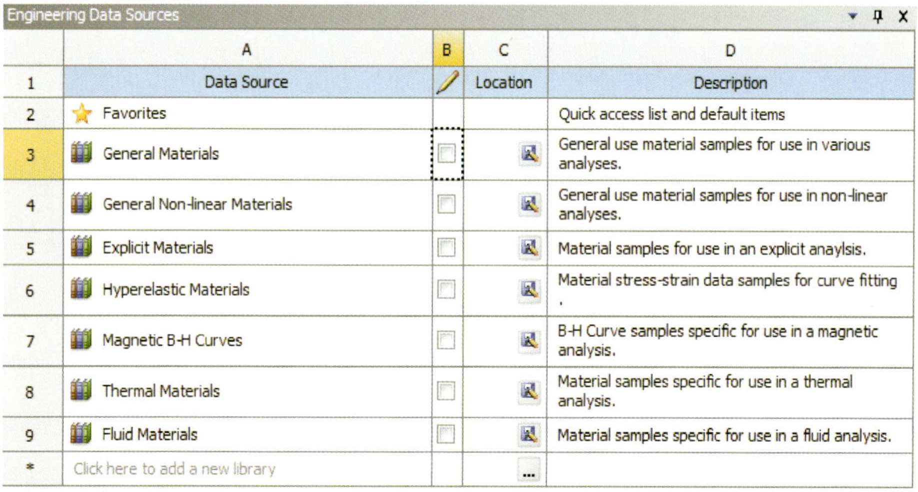

Engineering Data Sources

	A	B	C	D
1	Data Source		Location	Description
2	Favorites			Quick access list and default items
3	General Materials			General use material samples for use in various analyses.
4	General Non-linear Materials			General use material samples for use in non-linear analyses.
5	Explicit Materials			Material samples for use in an explicit anaylsis.
6	Hyperelastic Materials			Material stress-strain data samples for curve fitting .
7	Magnetic B-H Curves			B-H Curve samples specific for use in a magnetic analysis.
8	Thermal Materials			Material samples specific for use in a thermal analysis.
9	Fluid Materials			Material samples specific for use in a fluid analysis.
*	Click here to add a new library		...	

图 4－9　选不锈钢材料界面

在 Solidworks 中装配完毕球阀的相关组件，保存为. x_t 格式，然后在 ANSYS 静力分析的几何模型选项中导入球阀，如图 4－10 所示。球阀模型导入 ANSYS 后，如图 4－11 所示。

选择了不锈钢材料，可在 ANSYS WB Module 中定义球阀中相关零件的材料属性，如果选择了更多的材料，此处可以定义球阀中更多的材料属性，如图 4－12 所示。定义球阀各个零件的网格划分属性，网格细分后的球阀模型如图 4－13 所示。

对球阀各相关零件进行边界条件约束和载荷设置，为简化模型，此处只有一个固定约束和一个面载荷，如图 4－14 所示。上述步骤完成后，可对该球阀模型进行求解。模型求解的结果分别如图 4－15～图 4－17所示。

图 4-10　导入球阀模型界面

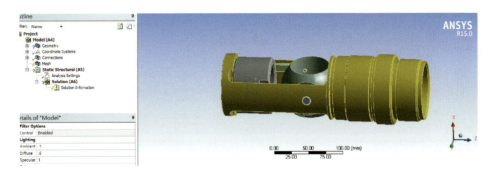

图 4-11　球阀导入 ANSYS 后的模型界面

(二)齿轮-齿条球阀静力分析

1. 基本假设

为了研究方便并缩短计算时间,在建模之前必须对模型进行适当的简化。

SolidWorks 具有操作简单和直观的优势,能够方便地进行零件的装配,同时该软件能够实现和 ANSYS 软件的无缝对接,有效降低了软件变换造成的特征丢失。针对阀杆和球体的接触应力进行有限元分析,先在 Solidworks 软件中建立球体与阀杆的接触模型,将建立好的三维模型导入到有限元分析软件中进行有限元分析。为了简化有限元分析时间,应在保证计算精度不受影响的基础上对几何模型进行必要的简化。例如对于一些与受力关系较小的圆角等部位可以进行简化,图 4-18 所示为球阀装配体简化模型。

图 4-12 选择球阀零件材料界面

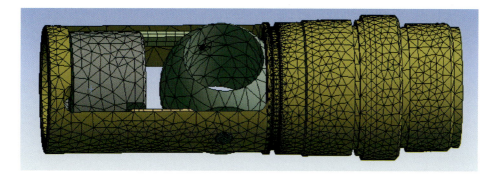

图 4-13 球阀网格细分后的模型

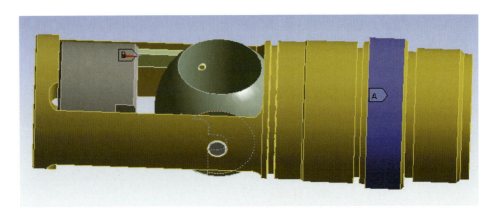

图 4-14 球阀约束和施加载荷

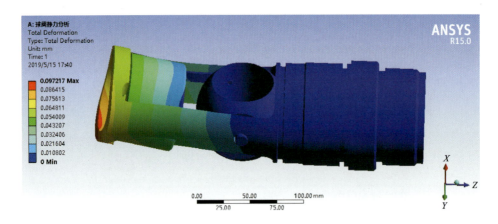

图 4-15 球阀总变形图解

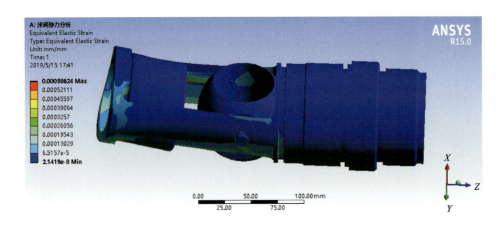

图 4-16 球阀应变图解

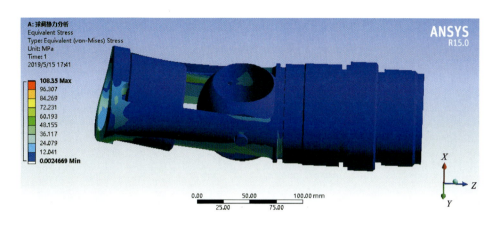

图 4-17 球阀应力图解

图 4-18 球阀装配体简化模型

2. 设定材料参数

锻钢为硬密封球阀左右体的主要材料,其材料为结构钢,通过查阅相关文献得知锻钢泊松比为 0.3,抗拉强度为 485MPa,最小屈服强度为 280MPa,弹性模量为 $2.05×10^5$MPa,采用固溶处理加淬火的方法进行热处理。运行 ANSYS 软件,并根据分析要求选择"Static Structural"进行静力学分析。

根据前面所介绍的材料要求,将新材料库导入到软件中,同时将材料的机械性能参数添加到新材料库中,操作界面如下图所示,单击加载以后就可以在常用材料中加载材料,在连接 A2 与 B3 后就能够实现分析模块和模型的连接。然后将相关的材料属性在 Model 模块中分别赋予相关零件。

3. 网格划分

有限元分析的收敛性、计算时间以及计算精度都会受到网格质量的影响。由于本书采取静力学分析方法分析阀杆与球体接触部位的力作用情况，为了在计算效率的基础上保证较高的网格划分质量，这里应用局部加密以及周边粗糙网格自动生成的方法，将局部加密网格添加在球体与阀杆端部的接触部，完成网格划分后共计有 47 349 个有限单元以及 75 686 个节点。

通过软件中自带的网格质量检查功能对所划分网格质量进行检查，可以发现在接触部位具有较高的网格质量，这样能够保证分析结果具有较高的准确度以及收敛性，图 4-19 所示为有限元网格划分结果。

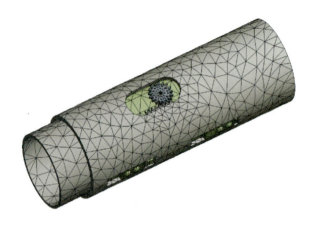

图 4-19　有限元网格划分结果

4. 接触设置

Ansys Workbench 中常用的接触方式有 5 种，分别为 Frictional、Rough、Frictionless、No Separation 以及 Bonded。其中，在非线性接触中主要采用前 3 种接触方式，在线性接触中主要采用后两种接触方式。

在有限元分析过程中非线性接触需要的计算时间和资源较多，为了提升计算效率，需要选择有效的接触类型。Workbench 分析中主要有以下 4 种探测方法，当研究问题和接触算法不同时应当采用不同的探测方法：对于高阶拉格朗日算法来说，需要使用积分点探测，罚函数法也使用积分点探测；普通拉格朗日算法和 MPC 算法需要使用节点探测，在选择节点探测方法时需要根据实际情况进行。ANSYS 软件分析运用的接触算法是增广拉格朗日算法。

5. 边界条件与荷载施加

给中心阀体施加 3mm 位移量，并施加 500N 的推力（图 4-20），查看在此条件作用下齿轮与齿条接触面上的应力分布以及变形情况。

图 4-20　模型约束条件

6. 求解结果

有限元求解结果如图 4-21、图 4-22 所示，图 4-21 为齿轮-齿条啮合处应力分布云图，图 4-22 为齿轮-齿条啮合处的应变分布云图。

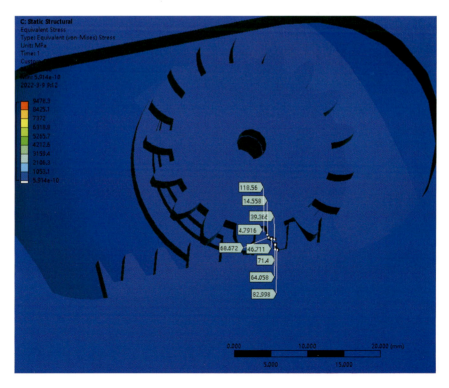

图 4-21　齿轮-齿条啮合处应力分布云图

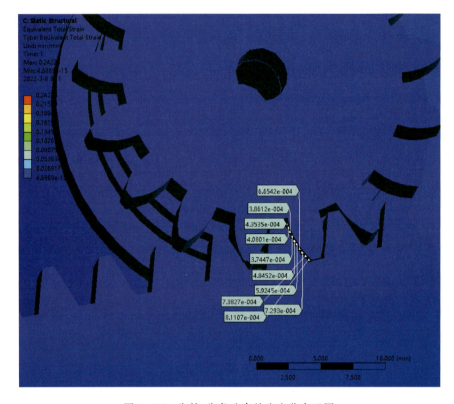

图 4-22 齿轮-齿条啮合处应变分布云图

(三)齿轮-齿条球阀密封比压模拟

球阀的密封比压有限元分析包括以下 4 个部分:模型构建、网格划分、边界条件限定以及有限元求解。

1. 球阀球体与密封座模型构建

为了模拟出球阀在启闭后的密封比压,对模型进行如下简化:去除齿轮-齿条以及阀杆等无影响因素,只需研究压力介质下浮动球体在密封座上的比压分布情况即可(图 4-23)。

2. 球阀球体与密封座网格划分

在 ANSYS 软件中定义球阀球体和密封座的网格划分属性,网格细分后的球阀球体与密封阀座模型如图 4-24 所示。

3. 边界条件限定

球阀球体与密封座之间采用接触面分析方式,密封座选取材料为聚四氟乙烯,球体直径 $D_q=69\text{mm}$,通径 $D_t=45\text{mm}$,密封座外径 $D_w=58\text{mm}$,内径 $D_n=45\text{mm}$,球阀阀座两端添加固定约束,过盈配合 0.2mm,球阀球体与密封座之间的摩擦系数取 0.2。

第四章 三弹卡齿轮-齿条关闭球阀式天然气水合物保压取芯钻具

图 4-23 球阀球体与密封座模型构建

图 4-24 球阀球体与密封座的网格划分

4. 有限元求解

ANSYS 软件分析运用的接触算法是增广拉格朗日算法,最终求解出球体与密封座接触面的应力分布如图 4-25 所示,密封座的应力分布如图 4-26 所示,球体表面的应力分布如图 4-27 所示。

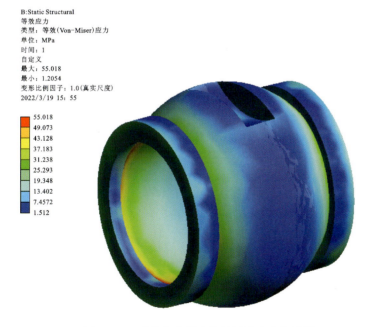

图 4-25 球体与密封座接触面应力分布云图

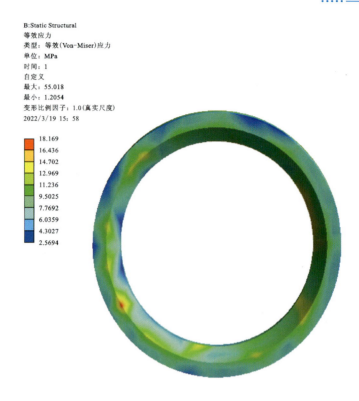

图 4-26　密封座应力分布云图

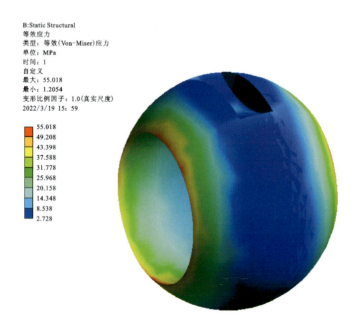

图 4-27　球体表面应力分布云图

(四)结果分析

1. 连杆驱动球阀应力、应变结果分析

(1)从应力云图上可以看出,在连杆以上的丝扣连接处,由于向上的提拉力,此处出现了较大的应力分布,最大应力约为108MPa,小于连杆材料的屈服强度。

(2)从球阀变形和总变形云图可以得出,在连杆与球体旋转轴连接处最大应变约为5.9×10^{-4}mm,最大总应变出现在球阀上接头丝扣连接处,为0.097mm。

2. 齿轮-齿条啮合应力、应变结果分析

(1)从应力云图上可以看出,在齿轮-齿条的啮合面上,最大应力约为68.67MPa,在齿条的齿根处,最大应力约为83MPa,小于齿条齿根许用应力;在齿轮的齿根处,最大应力约为118.6MPa,小于齿轮齿根的许用应力。

(2)从应变云图上可以看出,在齿轮-齿条的啮合面上,最大应力约为4.08×10^{-4},在齿条的齿根处,最大应变约为8.1×10^{-4},在齿轮的齿根处,最大应力约为4.3×10^{-4}。

(3)根据有限元模拟结果,对齿轮-齿条结构进行优化,对齿轮的啮合部位和齿根部位进行加工处理,从而增大它们的强度和韧性,在试验过程中要经常对啮合部位进行润滑处理以减小摩擦力。

3. 齿轮-齿条球阀密封比压模拟结果分析

(1)从球体与密封座接触面应力分布云图(图4-25)中可以看出,最大应力分布在接触面上,约为55MPa;从密封座的应力分布图(图4-26)可以看出,最大应力为18MPa;从球体表面应力分布图(图4-27)可以看出,最大应力主要分布在通孔周围。

(2)与理论计算得出的密封比压相比,模拟结果略小一些,原因为球体在实际工作过程中与密封座的接触面并非百分之百发挥了密封作用,故模拟结果更接近于球体的实际工作状况。

第三节 三弹卡齿轮-齿条关闭球阀式天然气水合物保压取芯钻具室内试验

一、球阀翻转力试验

(一)试验原理

由于本套取样器中的球阀创新使用了齿轮-齿条结构,故必须对球阀的翻转力有明确的认识。利用单轴压缩机对球阀阀体施加一个反向的压缩力,可等效转变为岩芯管对球阀阀体的提拉,使工作球体带动连接齿轮中间的四方柱阀杆旋转,从而带动齿轮-齿条结构产生一定位移,这个位移刚好能够使球阀从打开状态翻转 90°,变为关闭状态;初始位置和最终位置需要通过在内钻头接头和球阀阀体上开设键槽,利用键的定位功能实现球阀始末位置的标定。

(二)试验准备

完整的齿轮-齿条球阀包括球阀阀体、齿轮、工作球体、球阀端盖,齿轮通过阀杆与工作球体联接,实现工作球体的转动,设计时要计算出合理的密封比压和球阀起动力,加工时不仅要保证精度,还要对关键部位比如齿轮、球体等零件做特殊处理,以保证工作强度和延长零部件的使用寿命(图 4-28)。

图 4-28 球阀零部件加工

1. 球阀零部件加工组装

球阀阀体、端盖、工作球体以及齿轮所选取的材料为 40Cr,经过淬火及中温回火后,材料可以承受较高的负荷和冲击,这样处理后的齿轮会更加耐磨,使用寿命延长。球体密封座材料选取聚酰胺或者聚四氟乙烯进行试验,根据试验结果进行优选,两者均具有机械强度高、摩擦系数较低、耐磨性好且抗冲击性能较好的优点。

球阀实物组装如图 4-29 所示。对于球阀的安装,最关键的是对齿轮的初始定位(图 4-30),主要依靠与齿轮径向垂直的 4 个键来完成,键的设置不仅使取样器旋转钻进过程中的扭矩被键所分担,还解决了球阀关闭后轴向的提拉力对齿轮产生的负荷。

中层管内钻头接头上的齿条加工要求精度较高,本书中选择电火花线切割技术,齿条加工处做了特殊处理,提高了材料硬度,使用电火花线切割可以极大提高加工精度,从而最大程度地减小齿轮-齿条配合过程中产生的间隙问题。

图 4-30 球阀实物组装

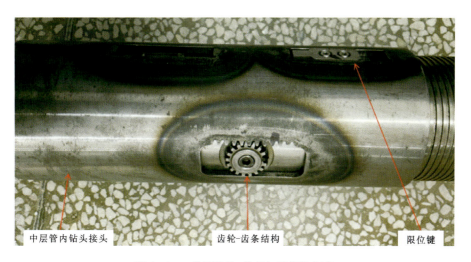

图 4-30 球阀齿轮-齿条初始安装定位

2. 单轴压缩机参数设置

利用单轴压缩机(图 4-31)的轴向加压可以得出球阀启动以及旋转关闭整个过程中施加压力随齿轮-齿条位移变化的规律,为后续打捞内心管所需提拉力提供数据支撑。

为了采集更多的试验数据,单轴压缩机的参数设置主要以微小位移采集所对应的施加压力,位移设置为 0.2mm/s,初始试探载荷设置为 0.8kN,总位移设置为球阀旋转 90°理论值 20.00mm,工件长度为 530mm。

(三)试验过程

将组装好的球阀竖直放置于工作台上(图 4-32),使球阀阀盖位于工作台中心,设置好参数,启动单轴压缩机,观察球阀启动状态是否正常,并记录全过程的载荷随位移变化曲线,重复试验 3 次。

图4-31 单轴压缩机

图4-32 球阀启动力试验

二、球阀密封保压试验

球阀关闭后,利用打压泵、高压管和转换接头等充压设备向球阀内注入水,验证球阀密封保压功能是否达到设计要求。

(一)打压设备

一般来说,打压设备包括打压泵、高压管路、控制阀门以及压力表等零件。本次试验选用了一台手动打压泵并配备有$\phi 3$mm高压钢管,打压泵和球阀之间依次接有控制阀门和压力表,控制阀门可阻断打压泵与球阀之间的压力,压力表直接显示球阀内压力值(图4-33)。

(二)球体密封圈

本次试验定制了聚四氟乙烯和聚酰胺两种材料制作球体密封圈,如图4-34所示,密封圈的尺寸(内径×宽度×厚度)分别为58.1mm×6.4mm×7.15mm、58.1mm×6.4mm×7.20mm、58.1mm×6.4mm×7.3mm。

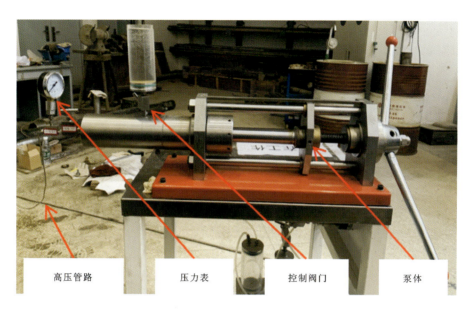

高压管路　　　压力表　　　控制阀门　　　泵体

图 4-33　手动打压泵及管路连接实物图

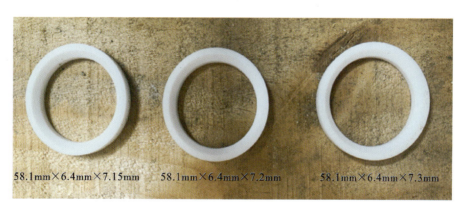

58.1mm×6.4mm×7.15mm　　58.1mm×6.4mm×7.2mm　　58.1mm×6.4mm×7.3mm

图 4-34　聚四氟乙烯不同厚度球体密封圈

三、岩芯保压仓密封保压试验

依次组装球阀、岩芯管、密封接头、中层管以及过水接头，利用充压设备向岩芯保压仓中注水，验证保压仓密封保压性能是否达到设计要求。

(一)试验原理

岩芯保压仓是能否成功获取原位岩芯的关键之一，本书设计的保压取样器密封保压的原理如下：岩芯管下端密封依靠齿轮-齿条球阀旋转 90°，依靠球面与密封座压紧配合实现，通过键限定球阀的初始和结束位置,确保球阀翻转到位,达到保压密封 15MPa 的效果;岩芯管上端密封依靠密封接头上设计的 4 组 O 型密封圈与过水接头挤压配合实现,初始状态下,O 型密封圈分布于过水接头排气孔两侧,取芯钻进时,岩芯进入岩芯管促使其内部的空气通过排气孔排出,岩芯管充满岩芯后,向外钻杆内投入绳索打捞器,待打捞器钩住取样器上端牵引轴后,利用地面卷扬向上提拉,迫使密封接头与过水接头产生相对位移,在带动球阀翻转 90°关闭的同时,位于排气孔下端的 2 组 O 型密封圈沿轴向移动到排气孔上端,使得岩芯管内部压力保持在海底压力状态,实现保压取芯操作。

(二)零部件组装

本次试验设计的水合物保压取样器安装时尤其要严格注意安装顺序(图 4-35)。首先,内岩芯管沿轴向放入中层管,下端通过丝扣连接球阀;其次,岩芯管上端连接密封接头;最后,过水接头穿过密封接头通过丝扣与中层管连接在一起。

图 4-35 岩芯保压仓密封保压试验安装顺序

值得注意的是,在取样器的设计阶段,既要保证密封接头上的 O 型密封圈与过水接头形成紧密配合完成岩芯管上端的保压密封,又要保证安装时 O 型密封圈与过水接头之间的摩擦力尽可能降低,以减小安装阻力,所以要在二者之间寻求到一个平衡,具体还要根据试验来确定密封圈的最终尺寸。

(三)试验过程

(1)按照上述安装顺序连接岩芯保压仓各零部件。
(2)利用钻机的提拉力沿轴向提拉岩芯保压仓上端的密封接头,使球阀发生翻转,一方面根据肉眼观察球阀翻转到位的同时密封接头的 O 型密封圈是否移动到排气孔左侧,另一方面根据球阀上的限位键是否到位判断使球阀关闭的齿轮-齿条行程是否到位。
(3)判断岩芯仓上端与下端位移行程到位后,连接手动打压泵的充气接头至在线检测机构的气体检测孔。

(4)打开在线检测机构压力表锥阀孔,向内心仓注入压力水的同时排除岩芯仓内的空气。

(5)待到压力表锥阀孔流出连续水流后,证明岩芯仓内空气已基本排除完毕,关闭压力表锥阀孔。

(6)继续向岩芯压力仓注入水,此过程密切观察压力表示数变化,并涂抹肥皂水至各丝扣和密封处判断是否发生泄漏。

(7)起压之后,继续打压至 15MPa,稳压 10min 后继续打压至 15MPa(若无波动则可不必补压)。

(8)保压 3~4h,每半小时记录一次压力表示数,并填入数据记录表格。

四、三弹卡齿轮-齿条关闭球阀密封保压试验

三弹卡齿轮-齿条关闭球阀密封保压试验是将本书所设计的保压取样器按照从下到上的顺序,依次将齿轮-齿条球阀机构、在线检测机构及三弹卡提升定位机构组装;随后利用钻机提拉牵引轴,使球阀以及保压岩芯仓与中层管发生相对位移,在此过程中球阀翻转 90°关闭,三弹卡机构完成解卡与限位功能;最后,对保压岩芯仓进行打压试验,以验证取样器的密封保压性能。

(一)保压取样器组装

如图 4-36 所示,按照从下到上的安装顺序连接齿轮-齿条球阀机构及保压岩芯仓、在线检测机构和三弹卡提升定位机构。

图 4-36 保压取样器组装

齿轮-齿条机构组装过程中需要注意的事项如下:

(1)球阀的密封座间隙的控制尤为重要,球阀密封圈的密封保压试验已经完成,根据此试验结果选取合适的密封圈进行安装。

(2)利用特制工具将球阀旋至完全开启状态,并依靠球阀阀体和中层管上的键完成初始定位,初始定位确定后安装齿轮并用螺栓完全拧紧固定。

在线检测机构组装过程中需要注意的事项如下:

(1)在线检测机构的压力表锥阀接口和岩芯测试锥阀接口必须完全关闭。

(2)密封接头上的4组O型密封圈根据岩芯保压仓密封保压试验的结果进行优选。

(3)密封接头和过水接头的配合面以及4组O型密封圈需要涂抹润滑油以减小两者在发生相对位移时的摩擦力。

三弹卡提升定位机构组装过程中需要注意的事项如下：

(1)第一弹卡与第二弹卡分别依靠第一弹卡弹簧和第二弹卡扭簧完成初始状态的张开，并各自限定在弹卡室的弹卡槽中。

(2)回收管与在线检测机构的密封接头通过铰链杆连接，并确保第二弹卡张开之后限制在第二弹卡室的限位槽内，才能继续安装第一弹卡，并使第一弹卡在第一弹卡限位槽内呈张开状态。

(3)最后利用第三弹卡压盖将第三弹卡压环束缚在牵引轴上。

(二)试验设备

本次试验在中国地质大学(武汉)工程试验大楼钻探大厅进行。钻探大厅备有XY-4钻机1台、井架及其配套大钩、绞车等设备。

试验前准备工作如下：

(1)ϕ89夹板以及固定工具。

(2)拉力计，向上提拉钻具时，记录提拉力数据。

(3)组装待试验的钻具(图4-37)。

图4-37 组装待试验的钻具

(4)整备试验井架及附属设施,利用井架上安装定滑轮,将钻机竖直方向的提拉力变为水平方向,便于试验操作。

(5)叉车1台,用于钻具的移动和摆放。

(三)试验过程

(1)组装待试验钻具,并用叉车将其移动到井口指定位置。

(2)利用定滑轮改变方向的特性,将竖直方向的提拉力改变为沿钻具水平轴向的拉伸力,并用钢丝绳连接取样器的牵引轴,中层管用夹板固定以防止取样器在轴向方向上发生位移。

(3)启动钻机,提升卷扬至球阀翻转到位,并观察第一、第二弹卡是否解卡以及第三弹卡是否起到限位作用。

(4)拆卸钻具为拉矛提升机构和岩芯保压仓两部分,拆卸过程中尤其注意判断第(3)步中三弹卡功能是否执行正常以及球阀是否翻转到位。

(5)对保压岩芯仓部分进行打压试验,记录3~4h内压力表示数变化,并填入记录表格。

五、试验结果与分析

(一)球阀翻转力试验结果与分析

对计算机采集到的球阀翻转力随齿轮-齿条位移变化数据进行处理,绘制变化规律散点图,如图4-38所示,并对试验结果进行分析,结果如下:

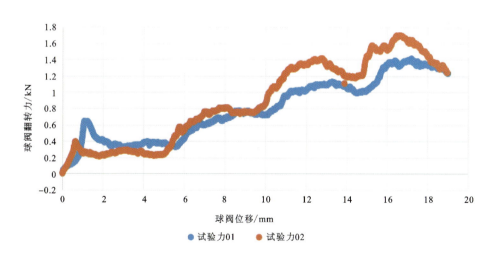

图4-38 球阀翻转力随齿轮-齿条位移变化规律曲线图

（1）本次试验所设计的齿轮-齿条球阀的启动力需要 0.4~0.6kN，这与第三章对球阀的启动力计算结果比较吻合，该数据将是对之后陆地试验提拉力评估的支撑。

（2）从球阀翻转力随齿轮-齿条位移变化规律来看，随着位移的增加，球阀翻转力不是线性增加或减少，而是不断呈现出攀升—回调—攀升的规律，造成这一规律的原因是位移为 1mm 左右，球阀在齿轮-齿条带动下启动翻转；位移为 2~6mm 时，对应球阀翻转 20°位置，此时球阀刃口已经通过初始时球面与密封座的挤压阶段，密封座由初始挤压状态变为弹性恢复状态，此时的反弹力给予球阀向上的一个支持力，故球阀面向下的压力减小，即翻转力减小；位移分别为 6~10mm、10~14mm 和 14~20mm 时，分别对应球阀翻转 40°、60°和 90°位置，这 3 个阶段球阀翻转力都是先增加随后出现回落的情形，这是因为以球阀旋转轴为中心一分为二，球阀的一个刃口旋转离开与密封座的接触后，另一端的刃口势必与密封座相互挤压接触，在这个过程中，施加的外界载荷方向竖直向下，所以该载荷先施加于球阀最下端刃口，促使该刃口与球阀密封座挤压，增大了翻转力，随后另一端刃口离开与密封座的挤压区，密封座的弹性回弹使加载力减小，直至球阀完全关闭。

（3）从图 4-38 还能得出，本书设计的齿轮-齿条球阀平均最大驱动力为 1.5kN，最大驱动力产生的位置是球阀即将翻转到位的时候，该位置球阀刃口需要完全进入密封座接触面，接触面最大，故需要的加载力相应地也是最大的。

（二）球阀密封保压试验结果与分析

球阀能否保压密封关键是要根据理论计算出的密封比压合理选取球体密封圈的尺寸，本书定制了聚四氟乙烯和聚酰胺两种材料制作球体密封圈进行试验。

1. 聚四氟乙烯密封圈

经过对 3 种不同厚度的球体密封圈进行试验，发现在球阀上端密封处均存在较大变形（图 4-39、图 4-40），导致球阀保压密封性能较差，压力仅能维持在 10MPa 左右。

图 4-39 聚四氟乙烯密封圈变形损坏

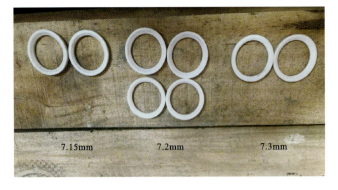

图 4-40 不同厚度聚四氟乙烯密封圈试验变形情况

经过分析,产生变形的原因如下:由于本次试验所设计的是浮动球阀,即在球阀关闭状态下,对球阀进行注水压力试验,此时球体是浮动状态,而密封圈是对称分布于球阀端盖两端,相对而言密封圈是固定状态,故在受压时,球体进而将压力传递给密封圈。浮动球阀依靠后密封圈保证密封,通常在前密封圈和球体之间会有一定的介质。打压过程中,这部分压力会挤压到前密封圈与阀体间隙中,导致密封圈变形损坏,进而破坏球阀的压力性能保持。

2. 聚酰胺密封圈

经过对3种不同厚度的球体密封圈进行试验,密封圈并没有发生明显的变形,这是由于相较聚四氟乙烯材料来说,聚酰胺密封圈具有更好的韧性。然而,7.15mm和7.2mm厚度的密封圈虽然没有出现明显的变形,但只能保压4~5MPa,只有7.3mm厚度的密封圈达到了保压15MPa的性能,进行多次试验均验证了这一结论,故最终选用7.3mm厚度的聚酰胺密封圈作为球阀的密封座。

(三)岩芯保压仓密封保压试验结果与分析

解决了球阀的密封问题后,岩芯保压仓密封保压试验成功与否取决于岩芯管上端O型密封圈的密封性能,但在实际进行试验过程中,发现O型密封圈从排气孔中被挤出,拆开密封接头与岩芯管中层管连接的丝扣,出现密封圈被剪断的现象(图4-41)。

图4-41 岩芯管上端O型密封圈被剪断

分析上述O型密封圈被剪断的原因如下：

(1)排气孔内孔未倒圆角,密封接头在旋拧过程中,O型密封圈遇到排气孔会首先被剪切。(2)所选用的O型密封圈尺寸过盈较多,理论上能够保证可靠的密封性能,但是与实际安装不符,需进一步缩小过盈量进行试验。

经过对排气孔进行修改,密封圈仅有外侧2根被剪断,说明在丝扣完全上紧之前,此时排气孔与密封圈之间的剪切力较小,故内侧2根密封圈未被剪断;继续拧紧丝扣,剪切力增加,外侧2根密封圈仍被损坏(图4-42)。

根据《机械设计手册》(第五版)中关于O型密封圈的设计,本次所设计的O型密封圈尺寸为$\phi 56mm \times 2.65mm$,此时密封圈在沟槽中单边盈余量为0.5mm,为解决上述试验中出现的密封圈过盈量太大被剪切损坏问题,将O型密封圈更换为$\phi 55mm \times 2.65mm$,此时密封圈在沟槽中单边盈余量为0.2mm,更换密封圈后试验效果明显,4根O型密封圈均未被剪断(图4-43)。

图4-42 修改排气孔密封圈剪切情况　　图4-43 更换O型密封圈后未被剪断

在球阀关闭状态下,如图4-44所示,调试岩芯管上端O型密封圈到密封工作状态,利用打压设备向岩芯管注入水至压力为15MPa,观察记录岩芯管3h内保压密封情况。

由表4-2可知,3h前后压力变化可以证明保压取样器岩芯仓密封良好,4h保压率基本维持在99%以上。连续做5次平行试验,均密封保压成功,下一步主要围绕保压取样器进行整体机械功能试验,以模拟取芯钻进全过程的机械执行及密封保压性能。

图 4-44 岩芯保压仓密封保压情况

表 4-2 不同时刻岩芯保压仓密封保压情况

15:30(初始气压)	16:00	16:30	17:00	17:30	18:00	18:30	19:00(最终气压)
15.2MPa	15.2MPa	15.1MPa	15.1MPa	15.1MPa	15.1MPa	15.0MPa	15.0MPa

(四)三弹卡齿轮-齿条关闭球阀密封保压试验结果与分析

根据试验结果可以得出以下结论：

(1)在外力(钻机提拉力)提拉下,本次试验所设计的三弹卡齿轮-齿条关闭球阀式天然气水合物取样器能够通过所设计的位移完成各机构的动作执行,达到设计的行程位移为37mm,第二弹卡首先收缩解除岩芯管与中层管之间的限位,第一弹卡压缩弹簧完成回缩解除外管与内管总成的限位,第三弹卡压环在牵引轴行程位移结束后完成终止位移的限定,杜绝出现球阀在重力作用可能发生的回转现象。

(2)各零部件完成设计位移的动作之后,能够保证球阀翻转90°形成岩芯仓下端密封及密封接头的4组O型密封圈与过水接头过盈配合形成岩芯仓上端密封,且保压密封效果良好,如表4-3所示,3h压力保持率在97%以上。

(3)进一步地,与岩芯保压仓密封试验结果进行对比,本次试验更具有真实性,原因在于本次试验较岩芯保压仓密封保压试验来说,是在比较接近真实状态下的、依靠钻机的提拉力对取样器完成的机械结构的动作执行,而岩芯保压仓密封保压试验初始安装状态就是机械结构执行到位状态,仅仅是为了确保试验组装过程中的保压密封性能而采取的主动方案,因此本次试验的结果更具有真实性和说服力。

表4-3　不同时刻取样器球阀驱动关闭后岩芯保压仓密封保压情况

10:05(初始气压)	10:35	11:05	11:35	12:05	12:35	13:05	13:35(最终气压)
15.5MPa	15.3MPa	15.2MPa	15.0MPa	15.0MPa	15.0MPa	15.0MPa	15.0MPa

(4)连续做5次平行试验,均密封保压成功,下一步主要围绕保压取样器进行陆地和海上生产试验以验证取芯钻进全过程的机械执行及密封保压性能。

第四节　三弹卡齿轮-齿条关闭球阀式天然气水合物保压取芯钻具陆地生产试验

陆地生产试验重点围绕三弹卡齿轮-齿条关闭球阀式天然气水合物保压取芯钻具的功能验证,主要包括:

(1)取芯钻具的绳索取芯钻进基本功能(内管投放、钻进以及打捞等)正常实现。

(2)当钻进回次结束后,绳索打捞、提拉回收岩芯管时,三弹卡机构正常解卡、钻具正常回收以及球阀正常翻转90°关闭。

(3)岩芯管打捞到地面后进行打压试验,对保压取样钻具的保压效果进行评估。

通过以上各零部件的功能正常实现,检验所设计的三弹卡齿轮-齿条关闭球阀式天然气水合物取样器的性能指标保压率和取芯成功率是否能达到要求,外管总成跟随钻进,投放内管总成进行取芯操作,规定进尺完成后,利用绳索对内管总成进行打捞,通过球阀翻转后对岩芯保压仓做陆地打压试验来验证取样器的保压性能。

陆地生产试验的总体过程为:组装外管和内管总成→下放外管总成→投放内管总成→机械提拉关闭球阀→打捞内管总成→岩芯管地面打压保压测试。整个过程必须严格按照陆地试验钻探技术措施相关规定进行操作并做好班报记录,如若任何人发现任何问题,应立即报告相关人员,遇到紧急情况,按照紧急预案进行处理。

(1)组装内管总成。技术人员在地面上调节好球阀等关键机构,检查保压段、执行段的功能执行情况,并将各个机构进行复位,对初始定位进行记录,然后组装好内管总成,安装上夹板做好起吊准备。

(2)下放外管总成。外管总成包括6个部件,其中有与内管总成适配的拔差段、座环这两个关键机构,将座环卡在外管内部,在卷扬机的辅助下进行钻头等各部件的组装,再连接主动钻杆下放至孔底进行钻进。

(3)投放内管总成。通过卷扬机将内管总成起吊,在井口放置在钻杆上,松开起吊钢丝绳,用扳手慢慢松开夹板,让内管总成自由落入孔底,然后连上主动钻杆进行取芯钻进。

(4)打捞内管总成。在完成2m的取芯钻进以后,停钻,将打捞器连接在卷扬机的钢丝绳上下放至井内,到达内管总成钻具的位置后,正常状态下可以卡住钻具的拉矛,操作人员可以在甲板上提拉钢丝绳,判断打捞器是否卡住。卡住之后即可进行打捞,在钻具自身机构的执行下,限位弹卡会解卡,内管总成整体被打捞上船,然后牵拉至水平放置。

(5)地面检测及打压。检查球阀的齿轮齿条机构,确定限位键是否到位、上弹卡是否卡住、第二弹卡是否解卡,并做好记录。将内管总成的上弹卡解卡,拆开三弹卡执行机构,将压力表安装在阀体接头,初步测定钻具内压力,然后根据需要再连接打压泵对保压段进行打压,验证保压段的保压功能。保压功能验证完毕,拆开钻具内岩芯管,检查岩芯管岩芯填充情况,并计算岩芯采取率。

在完成保压钻具取芯和保压作业以后,对钻具进行维护、复位,为下一次下井做好准备。

一、试验现场概况

如图4-45所示,现场主要设备包括:①全液压车载动力头式钻机1台;②独立的泥浆循环、处理以及排放系统;③QZ3NB-350(三缸单作用活塞泵)泥浆泵1台;④配合打捞用卷扬机1台;⑤辅助叉车2台。

图4-45 试验场主要设备

(a)液压动力头车载钻机;(b)泥浆循环处理系统;(c)打捞卷扬机;(d)QZ3NB-350泥浆泵

二、试验过程

根据广州海洋地质调查局统一管理要求,课题组在山东省东营市河口区刁口试验场完成了本套取芯钻具第一次陆地试验,共进行了10个回次的试验。根据每个回次的钻具运行情况,一次完整的试验过程如下。

1. 准备工作

为保证试验顺利进行,先在孔口进行试验,对潜在的导致试验失败的因素进行修改,准备阶段出现的主要问题如下:

(1)传动弹卡与牵引轴台阶自锁,没有与外管卡住。

(2)钻进过程中进尺较小。

通过分析弹卡自锁及钻进过程中进尺较小的原因,进行了如下修改:

(1)传动弹卡与拉矛上配合的沟槽部分棱角加以打磨,对牵引轴台阶进行倒角,以避免出现互相锁紧现象(图4-46)。

(2)先利用牙轮钻头进行钻进,钻出泥岩层,防止消除对内、外钻头泥包钻的影响(图4-47)。

图4-46 打磨后的传动弹卡　　　　图4-47 试验场车载钻机用牙轮钻头

(3)修改内钻头,增大钻头的底出刃,防止钻进过程中发生泥包钻现象,提高钻进效率(图4-48)。

2. 组装钻具

在开阔地面依次将外管总成以及内管总成组装完成,包括钻头、外管、转接头以及限位座环等,用叉车将外管与内管总成运至钻机操作位置处(图4-49)。

3. 下放外管

司钻通过控制机械臂,将外管下放至井口,在井口用卡瓦卡住,使用转换接头对 ϕ

127mm钻杆进行适配,然后将外管下放至孔底,但要保证外钻头距离孔底有一定距离,消除对内管总成投放的影响(图4-50)。

图4-48 修改后的内钻头

图4-49 组装钻具

4. 投放内管总成

通过钻机使用夹板起吊内管总成,慢慢下放至井口,使夹板与内管总成停放在外钻杆接头上,然后使用管钳将夹板松开,使内管总成自由下落,坐落到外管总成的座环上(图4-51)。

图4-50 下放外管

图4-51 投放内管总成

5. 外管与内管总成旋转锁定

投放内管总成后,此时内管总成的传动弹卡与外管的弹卡挡头没有锁定,需要将主动钻杆对接,快速旋转后急停,让内管总成与外管相互错动进行锁定,此时内钻头将会超前17mm(图4-52)。

图4-52 内管总成与外管锁定

6. 开泵钻进

内管总成与外管总成下放至孔底,开启泥浆泵,泵量为6L/s,设置钻压平均为1.5t,转速40r/min。钻进过程中,内管总成拉矛限位机构的弹卡会弹开在弹卡接头内,进而通过外管把扭矩传递给内管总成,内岩芯管和内管总成之间设有单动机构,内岩芯管不跟随旋转。

7. 打捞内管总成

钻进完成后,使用动滑轮和地面卷扬,将打捞器投放至孔底,确认打捞器钩住内管总成后,使用卷扬机提拉至井口,装上起吊夹板,解开打捞器,利用钻机将内管总成提至地面并水平放置(图4-53)。

8. 解卡拆卸

锁定弹卡解卡,解卡过程中防止球阀机构回弹,然后拆掉三弹卡执行机构。

9. 提钻

在拆卸内管总成执行机构的同时进行提钻,将外管提至孔口,拆卸外管。

10. 打压测试

现场对钻具保压段打压至岩芯管压力为 15MPa，保压 1h，内岩芯管压力上升至 17.5MPa（图 4-54）。

图 4-53　打捞内管总成　　　　　图 4-54　现场打压测试

11. 泄压拆卸清洗

将内管总成和外管总成拆卸完毕，用水枪冲洗，最后涂抹润滑油进行保养。

整体试验进展较为顺利，内管总成顺利打捞，拉矛总位移 38mm（图 4-55），传动弹卡卡住，球阀翻转到位，球阀处岩芯形状为球状（图 4-56），岩芯管内有岩芯，现场打压至岩芯管压力为 15MPa，保压 1h，内岩芯管压力上升至 17.5MPa（图 4-57）。

图 4-55　执行位移与球阀机构到位

图 4-56 钻具取芯结果

图 4-57 压力维持 1h 前后对比

三、试验结果

本次陆地试验共计 3d,一共进行了 10 次内管功能执行试验,主要针对内管总成投放能否到位、内管总成能否顺利打捞、三弹卡功能能否正常执行、球阀机构能否正常关闭、保压段的保压效果等进行测试。本次的试验结果记录见表 4-4。

10 个回次的试验中,有 5 次弹卡执行机构和球阀机构功能执行正常;进行了 5 次钻进取芯,有 4 次岩芯管内有岩芯,其中一次因为内钻头出现了泥包钻现象,没有进尺,故未取得岩芯;进行了 3 次内管总成投放测试,井深在 25～35m 范围内,投放过程顺利,内管总成能顺利打捞;进行了 1 次整体井下钻进打捞后打压测试,保压效果较好。

钻具总体的试验总结如下:

第四章 三弹卡齿轮-齿条关闭球阀式天然气水合物保压取芯钻具

表4-4 天然气水合物保压取样钻具陆地试验记录表

回次	孔深/m	钻进时间/min	进尺/m	钻压/t	泵量/(L·s⁻¹)	转速/(r·min⁻¹)	内管总成下孔方式	内管总成打捞	三弹卡执行情况	球阀机构执行情况	压力保持情况	岩芯长度/cm	备注
1	24.5	/	/	/	/	/	跟管	顺利	传动弹卡自锁	未翻转	/	/	井口测试内管与外管的锁定情况
2	24.5	/	/	/	/	/	跟管	顺利	正常	翻转	无	/	解决了传动弹卡自锁问题
3	24.5	2	1	1	6	40	跟管	顺利	正常	未翻转	无	10	第一次钻进，管靴内有岩芯，总成移到位，球阀未翻转
4	25	/	/	/	/	/	跟管	顺利	锁定弹卡失效	翻转	无	/	牵引轴缩进12mm，保证球阀翻转完全后传动弹卡解卡
5	25	/	/	/	/	/	跟管	顺利	正常	翻转	无	/	重新加工牵引轴上弹卡槽，锁定弹卡能执行正常
6	25	28	1	2.5~2.8	6	40	跟管	顺利	正常	差13mm	无	1	总位移到位，球阀未完全翻转，小弹簧可能吸收位移
7	26	5	0	2	6	40	投放	顺利	正常	差1mm	无	无	可能是小弹簧疲劳，主动增加位移
8	34	1	0.58	1.5	6	40	跟管	顺利	正常	翻转	15MPa	8	所有机构执行正常，保压1h，压力上升2.5MPa
9	34.5	10	0.8	1.5	8	40	投放	顺利	返回地面后三弹卡均复位	未翻转	/	16	怀疑是石头阻挡球阀翻转，清理岩芯后在水平方向进行拉动，球阀翻转到位，弹卡到位
10	35.3	20	0.7	2	8	40	投放	卡住	传动弹卡卡死	翻转	无	26	内管总成卡在外管里面，通过震动弹卡顺利打捞出，但是传动弹卡已经变形

（1）钻具球阀机构执行正常，其密封性能可靠。通过充分的室内实验证明，只要该钻具的齿轮-齿条机构执行到位，球阀的压力保持效果就能得到保证，在本次陆地试验当中，为节省打压、保压时间，在 5 次翻转成功的回次中选取了一次有代表性的进行了打压测试，测试结果较好。本次打压测试初始压力为 15MPa，由于试验井孔所使用的钻井液中含有气泡，在保压过程中，压力有所上升，保压 1h 压力上升至 17.5MPa。

（2）钻具三弹卡执行机构运行正常。三弹卡分别为锁定弹卡、传动弹卡、限位弹卡，锁定弹卡防止内管总成提拉到位后，到地面放置解除了提拉力后球阀机构回弹；传动弹卡负责将外管的旋转动力传给内管，从而进行取芯过程，在提拉内管总成过程中能自动解卡；限位弹卡防止在取芯过程中岩芯进入使内管总成上窜，也能在提拉内管总成的过程中自动解卡。三弹卡的工作顺序为：取芯完成→提拉内管总成→限位弹卡先解卡→锁定弹卡锁定→传动弹卡解卡→调试→三弹卡位移提拉正常→功能执行正常。

（3）内管总成与外管配合钻进取芯正常。内管总成能顺利执行投放功能，并能在井下自动与外管锁定，进行钻进取芯过程，最大钻压为 2.5t，完成后能顺利打捞，在地面能顺利卸开和解卡，各个零件运行正常。

第五节　三弹卡齿轮-齿条关闭球阀式天然气水合物保压取芯钻具海上生产试验

一、试验准备工作

（一）作业环境

科考船钻探作业在后甲板处，主要配置有钻塔、司钻房、钻杆箱、猫道、起吊臂和钻杆抓手，对于本套保压取芯钻具，拆卸组装过程比较复杂，需要在钻杆箱的后方进行，然后再通过抓手或起吊臂运至钻塔处，钻具拆卸组装所需甲板空间如图 4-58 所示。

本套钻具外管总成与顶驱中心杆要进行连接，需配置合适的转接头，课题组完成转接头的加工，并可以与中心杆正常对接，如图 4-59 所示。

海洋钻探对钻杆连接的紧密度要求较高，防止在下放钻杆的过程中由于震动使钻杆追歼脱扣，尤其是对于本套钻具的外管总成来说，短节连接较多，且丝扣是大的梯形扣，因此更要保证钻杆连接处的稳定。为了保证短节之间的连接，外钻头与钻杆之间要通过基盘紧固，薄壁外管由于太薄，连接处用钢筋辅助焊接，如图 4-60 所示。

本套内管总成的起吊与打捞方式均使用夹板，在现场实施工序比较复杂，配有带安全销的打捞器，如图 4-61 所示，当内管总成打捞至顶驱以后，插上安全销即可直接下放到甲板，不用换夹板后解卡打捞器。

第四章 三弹卡齿轮-齿条关闭球阀式天然气水合物保压取芯钻具

图 4-58 钻具拆卸组装所需甲板空间

根据陆地生产试验的结果，了解钻具取芯的基本钻孔参数、循环泥浆参数、钻机参数，钻压力不超过 1.5t，泵量为 300~400L/min，钻孔深度在 50m 以内，海上生产试验可以参考，具体调整以实际情况为主。

海上作业相对于陆地来说作业平台具有不稳定性，安全作业更加重要，试验过程中必须服从现场工作人员安排，利用现场场地进行钻具装配工作，仔细检查各模块是否装配为初始状态，是否可以完成预定功能，装配好等待钻孔到位后进行取芯操作。

试验前检验工作：

（1）保证球阀处于打开状态，若球阀为关闭状态，要及时复位，确保 4 个定位键处于初始状态，齿轮与齿条安装正确。

（2）检查所有密封圈，确保按规范安装，尤其是球阀座环内的 O 型密封圈，若有破损情况要及时更换，以免影响试验结果。

（3）检查所有弹簧，确保均未出现疲劳失效，并均按要求安装到位。

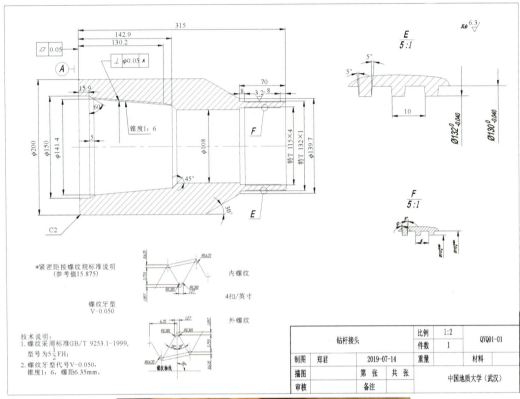

图4-59 完成钻具与中心杆的对接

图 4-60　钻头紧固基盘与短节钢筋焊接

图 4-61　打捞器与安全插销

(4)检查在线检测机构上所有锥阀,确保均处于初始状态,确认排气孔处于初始状态。

(5)所有丝扣连接均涂抹润滑油,确保各模块自球阀向上逐步安装连接正常。

(6)检查钻具的提升弹卡部分,确保处于初始状态,包括安装时保证下限位弹卡处于初始状态,张簧处于打开状态,动力弹卡位于牵引轴颈台阶上。

(7)检查上限位弹卡O型密封圈,确保未出现疲劳失效以及具有足够的弹性使半环收缩卡住牵引轴颈缩径部分。

二、保压取芯钻具复杂模块装配过程

(一)球阀机构装配过程

(1)将1个尺寸为51mm×2.40mm的O型密封圈安装于阀座1的底面O型密封圈槽内,将1个尺寸为51mm×2.00mm的O型密封圈安装于阀座1的斜面O型密封圈槽内。

(2)将1个尺寸为51mm×2.40mm的O型密封圈安装于阀座2的底面O型密封圈槽内,将1个尺寸为51mm×2.20mm的O型密封圈安装于阀座2的斜面O型密封圈槽内。

(3)将安装有密封圈的阀座分别对应安装在阀体内。

(4)将球体和阀杆安装在球阀阀体内部,使用特殊工具将球阀丝扣拧到位,以阀体上开的定位键槽为参照依据。

(5)将齿轮与阀杆连接,使用特殊工具转动齿轮,带动球体旋转至初始状态,球体复位后卸下齿轮。

(6)将安装好的球阀阀体放入内钻头接头内,安装定位键,利用定位键将阀体安装于初始位置,使用紧定螺钉安装齿轮。

(7)将1个尺寸为53mm×2.65mm的O型密封圈安装在内岩芯管的O型密封圈槽1内,将球阀阀体与内岩芯管连接。

(8)将1个尺寸为53mm×2.65mm的O型密封圈安装在管靴的O型密封圈槽2内,将管靴与球阀阀体连接。

(9)将内钻头接头与中层管连接。

阀座与齿轮-齿条球阀机构安装如图4-62、图4-63所示。

(二)在线检测机构装配过程

(1)将1个钢球安装到探测器单向阀的排泄孔中。

(2)将2个钢球分别安装到2个快速测试锥阀内并拧紧丝扣。

(3)将4个尺寸为48mm×2.65mm的O型密封圈分别安装到4个O型密封圈槽1内。

(4)将1个尺寸为45mm×2.65mm的O型密封圈安装到O型密封圈槽2内,将阀体密封接头与内岩芯管连接,然后将内岩芯管放入中层管内,连接内岩芯管和球阀阀体。

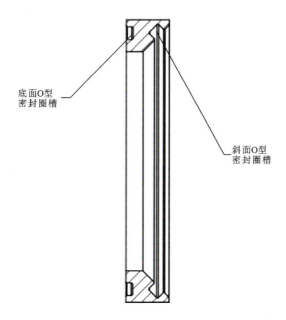

图 4-62 阀座安装示意图

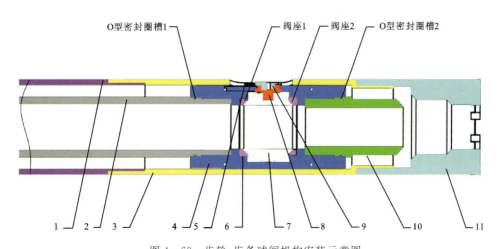

图 4-63 齿轮-齿条球阀机构安装示意图
1.中层管；2.内岩芯管；3.内钻头接头；4.球阀阀体；5.齿条；6.阀座；
7.球体；8.阀杆；9.齿轮；10.管靴；11.内钻头

(5)待内岩芯连接密封阀体接头和球阀阀体后,将过水接头从密封阀体接头的快速测试锥阀端穿过,与中层管丝扣连接。

注意:过水接头与中层管连接和内钻头接头与中层连接要配合进行,过水接头丝扣先上两扣,接着内钻头接头丝扣上两扣,然后使用自由钳将内钻头接头背力,将过水接头丝扣完全拧紧。最后,使用自由钳给过水接头背力,将内钻头接头完全拧紧。

在线检测机构和阀体密封接头安装如图 4-64、图 4-65 所示。

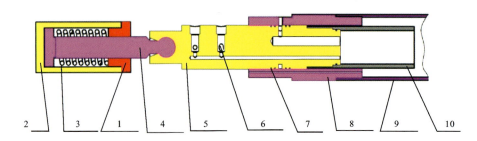

图 4-64 在线检测机构安装示意图

1.限位弹卡缓冲器端盖;2.限位弹卡架;3.限位弹卡缓冲器弹簧;4.铰链杆;5.阀体密封接头;
6.快速测试锥阀;7.O型密封圈;8.过水接头;9.中层管;10.内岩芯管

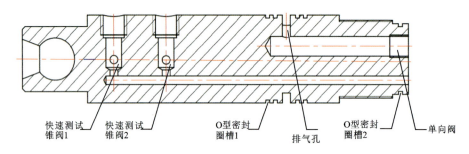

图 4-65 阀体密封接头安装示意图

(三)三弹卡提升定位机构

三弹卡提升定位机构在球阀机构和在线检测机构安装完成后自下而上进行安装。

(1)将 1 个 ϕ10mm 的弹簧安装到限位弹卡缓冲器弹簧的位置,使用月牙扳手拧紧缓冲器端盖,此时弹簧连接接近于刚体连接,但还有一定的调节范围。

(2)将限位弹卡座安装到限位弹卡架上,并用销钉固定。

(3)将限位弹卡安装到限位弹卡座上,用销钉固定,使用 1 个弹簧将 2 个限位弹卡张开。

(4)将回收管套在限位弹卡架上,穿过限位弹卡并使弹卡张开坐于回收管的弹卡槽内,两边分布均匀,当回收管移动时弹卡回缩,然后安装限位弹卡回收销。

(5)将安装好的限位弹卡部分穿过限位弹卡室,使铰链杆的球铰与密封阀体接头连接,然后将限位弹卡室管与过水接头连接并拧紧丝扣。

(6)将牵引轴穿入回收管,对准销钉孔并安装销钉,依次连接限位弹卡挡头和限位接头。注意限位弹卡部分安转完成后要确保处于初始状态,若未处于初始状态,应当调节回收管位置使限位弹卡完全张开坐落于限位弹卡挡头上。

(7)安装传动弹卡时,先将两个弹卡置于弹卡槽内使其突出弹卡槽并用手握住,然后将传动弹卡室和传动弹卡穿过牵引轴,拧紧传动弹卡室和限位接头之间的丝扣。

第四章 三弹卡齿轮-齿条关闭球阀式天然气水合物保压取芯钻具

(8)将挡圈和传动弹卡弹簧依次穿过牵引轴,调节传动弹卡位置使其位于牵引轴台阶上,将牵引轴端盖套在传动弹卡弹簧上,拧紧其与传动弹卡室的丝,此过程要确保传动弹卡位于牵引轴的台阶上并突出传动弹卡槽。

(9)将2个锁定弹卡压环用合适的O型密封圈连接成圆环,套在牵引轴上,将锁定弹卡压盖与牵引轴端盖的丝扣拧紧。

三弹卡提升定位机构安装如图4-66所示。

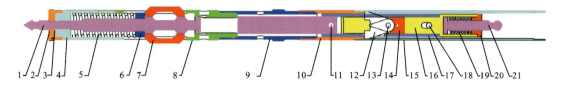

图4-66 三弹卡提升定位机构安装示意图

1.牵引轴;2.锁定弹卡压盖;3.锁定弹卡压环;4.牵引轴端盖;5.传动弹卡弹簧;6.挡圈;7.传动弹卡;8.传动弹卡室;9.限位接头;10.限位弹卡挡头;11.牵引轴销;12.限位弹卡;13.限位弹卡销;14.限位弹卡座;15.限位弹卡室;16.限位弹卡架;17.回收管;18.限位弹卡回收销;19.缓冲器端盖;20.限位弹卡缓冲器弹簧;21.铰链杆

三、甲板调试试验及结果判断

甲板调试试验的目的是测试组装好的保压取芯钻具各项功能是否能够正常运行,为海上生产试验做准备。

(一)整体钻具装配好后的试验过程

1. 组装内管总成

技术人员在地面上调节好球阀等关键机构,检查保压段、执行段的功能执行情况,并将各个机构复位,对初始定位进行记录,然后组装好内管总成,安装上夹板做好起吊准备(图4-67)。

2. 下放外管总成

外管总成包括6个部件,有与内管总成适配的拔差段、座环这两个关键机构,将座环卡在外管内部,在卷扬机的辅助下进行钻头等各部件的组装,再连接主动钻杆下放至孔底进行钻进(图4-68)。

3. 投放内管总成

通过卷扬机起吊内管总成,在井口放置在钻杆上,松开起吊钢丝绳,用扳手慢慢松开夹板,让内管总成自由落入孔底,然后连上主动钻杆进行取芯钻进(图4-69)。

图 4-67　组装外管总成与内管总成

图 4-68　下放与连接外管总成

图 4-69　投放内管总成

4. 打捞内管总成

在完成 2m 的取芯钻进以后,停钻,将打捞器连接在卷扬机的钢丝绳上,并将打捞器下放至井内,到达内管总成钻具的位置后,正常状态下可以卡住钻具的拉矛,操作人员可以在甲板上提拉钢丝绳,判断打捞器是否卡住。卡住之后即可进行打捞,在钻具自身机构的执行下,限位弹卡会解卡,内管总成整体被打捞上船,然后牵拉至水平放置(图 4-70)。

第四章　三弹卡齿轮-齿条关闭球阀式天然气水合物保压取芯钻具

图 4-70　打捞与下放内管总成

5. 地面检测及打压

检查球阀的齿轮-齿条机构,确认限位键是否到位、上弹卡是否卡住,第二弹卡是否解卡,并做好记录。将内管总成的上弹卡解卡,拆开三弹卡执行机构,压力表安装在阀体接头,初步测定钻具内压力,然后根据需要再连接打压泵对保压段进行打压,验证保压段的保压功能。保压功能验证完毕,拆开钻具内岩芯管,检查岩芯管岩芯填充情况,并计算岩芯采取率(图 4-71)。

在完成保压钻具取芯和保压作业以后,对钻具进行清洗维护、复位,为下一次钻进做准备(图 4-72)。

图4-71 打压测试　　　　图4-72 钻具拆卸与复位

(二)判断取芯是否成功

保压取芯钻具内管打捞至井口,通过观察牵引轴颈在端盖位置做的标记以及传动弹卡在弹卡槽内的状态,判断提升定位机构的工作情况。将整个内管总成提至孔口时,观察4个定位键的位置,判断球阀是否翻转90°到位,观察内钻头和管靴内是否存在岩芯。

当球阀翻转90°关闭时,可以对密封保压段进行保压测试,此时需要自上而下拆卸至在线检测机构段,连接手动打压泵进行保压测试,根据压力表读数即可判读保压操作是否成功。保压测试后可以拆卸球阀,观察内岩芯管取芯情况,与钻进进尺比较可判断此次取芯操作是否成功。

四、海上生产试验

本次海上生产试验主要是对天然气水合物保压取样器各功能进行验证,主要包括:

(1)取芯钻具的绳索取芯钻进基本功能(内管投放、钻进以及打捞等)正常实现。

(2)当钻进回次结束后,绳索打捞、提拉回收岩芯管时,三弹卡机构正常解卡、钻具正常回收以及球阀正常翻转90°关闭。

(3)岩芯管打捞到甲板后进行检测和打压试验,并对保压取芯钻具的原位压力保持率和打压效果进行评估。

验证以上各零部件的功能能正常实现后,检验所设计的三弹卡齿轮-齿条关闭球阀式水合物取样器的性能指标——保压率和取芯成功率是否能达到要求。外管总成跟随钻进,投放内管总成进行取芯操作,规定进尺完成后,利用绳索对内管总成进行打捞,验证球阀能正常翻转后,对岩芯保压仓做陆地打压试验验证取样器的保压性能,回次完成后记录天然气水合物保压取样钻具海上生产试验回次考察表。

海上生产试验的总体过程为:组装外管和内管总成→下放外管总成→投放内管总成→机械提拉关闭球阀→打捞内管总成→岩芯管打压保压测试。整个过程必须严格按照海上生产试验钻探技术措施相关规定进行操作并做好班报记录,如若任何人发现任何问题,应立即报告相关人员,遇到紧急情况,按照紧急预案进行处理。

（一）试验现场概况

"海洋地质十号"科考船配置的是全液压举升式钻探系统,全船采用模块化科考设备布局,现场主要设备包括：①全液压动力头式钻机；②升沉补偿系统；③钻杆起放架（猫道）；④机械抓手一台；⑤机械吊臂两台；⑥现场清洗用抽水泵；⑦取样卷扬机一台；⑧船舶动力定位系统；⑨独立的泥浆系统；⑩6m长钻杆箱一个。

除了各种硬件配置外,还有很多数据采集系统,包括采集海底探深、卷扬钢丝绳张力和下放深度等,钻探系统各配置如图4-73所示。

（二）试验过程及结果

根据广州海洋地质调查局统一管理要求,课题组在"海洋地质十号"科考船完成了本套取芯钻具第一次海上生产试验。为确保试验的可靠性与成功率,一共进行了2次孔口功能性测试和11次取芯钻进试验。在完成钻进取芯试验后,为了排除钻具问题,又进行了一次孔口验证测试。海上生产试验回次的详细过程如下。

1. 孔口功能性测试

到达海上生产试验地点前在甲板上以及孔口处对钻具进行了功能测试和位移调试,测试过程中没有包含外管总成。

1）水平位移测试

组装完成内管总成,使用夹板将内钻头固定在一端,用打捞器锁住牵引轴,使用丝杠在水平方向上进行静拉,如图4-74、图4-75所示。在静力拉动下三弹卡机构执行正常,锁定弹卡正常锁住,传动弹卡解卡,球阀机构到位,限位键位移到位,球阀成功翻转90°。

2）第一次孔口测试

水平测试的前提是在内管总成完全备力的情况下,而实际中是通过传动弹卡与外管总成的弹卡槽之间的限位进行备力的,只有在备力位移足够的情况下,提拉力才能传送至球阀机构,使球阀机构执行翻转动作。因此在下水试验前,在孔口进行内管总成与外管的整体测试,检查钻具各部分位移是否需要调节。

正常组装钻具,将外管总成通过卡瓦卡在井口,内管总成通过顶驱的吊环进行起吊,放在孔口松开夹板让其掉落到位,然后外管总成连接顶驱中心杆将其拉出井口,使用自由钳手动将内管总成与外管总成锁住,然后进行打捞作业,过程及结果如图4-76所示。

第一次孔口测试结果：三弹卡机构全部执行到位,但是球阀机构翻转未到位,位移差3mm,分析原因是提拉位移不够,传动弹卡在外管总成内提前解卡。解决办法是在钻具最上方的端盖处锁定弹卡的下方垫3mm垫片,补充球阀未到位的位移距离。

图4-73 "海洋地质十号"科考船钻探系统配置
(a)钻塔、顶驱与升沉补偿系统;(b)钻杆箱与司钻房;(c)机械抓手;(d)机械吊臂;(e)猫道;(f)取样卷扬机

图 4-74 水平静拉试验

图 4-75 水平静拉测试结果——位移准确、球阀到位

3）第二次孔口测试

根据第一次孔口测试结果，对位移进行调试后，重新复位组装钻具，进行第二次孔口测试，试验过程与第一次一样，投放到位后进行内管总成的打捞，试验结果如图 4-77 所示。

第二次孔口测试的结果：三弹卡机构执行正常，锁定弹卡成功锁住，传动弹卡正常解卡，球阀机构位移在经过调节之后到位，球阀翻转到位。结果表明，钻具的位移调试正确，钻具提拉位移满足弹卡执行机构与球阀机构，可以进行下一步的下水钻进试验。

2. 海底取芯钻进试验

完成钻具位移调试之后，考虑海底钻进情况不明的因素，加上钻具自身的原因，某些丝扣处不能拧紧，因此对钻具的连接处进行加固处理。内管总成的第二弹卡室与第二弹卡挡头之间的丝扣连接不牢靠，将二者进行焊接和打磨处理，如图 4-78 所示。

图4-77 第二次孔口测试结果

图4-76 第一次孔口测试

图4-78 钻具中层管连接加固处理

船上的深度测试系统检测到试验点的海水深度为195.2m,准备工作就绪后开始下放钻杆,单根钻杆长6m,到达位置后开始从孔口投放内管总成进行钻进试验。

1)第一回次

投放前钻具组装正常,密封位置机构正常,从钻杆接头处投放,使用低钻压低转速进行回转钻进,钻压为0.2t(1960N),泵量为30脉冲,约为150L/min,总进尺1.5m,用时1min,钻进完成后,打捞过程顺利。

将内管总成下放至作业甲板后检查钻具本回次钻进情况:三弹卡机构执行功能正常,锁定弹卡锁住,传动弹卡解卡,球阀机构到位,球阀翻转90°,限位键位移20mm,如图4-79所示。拆卸钻具至保压段,连接高压管路与打压泵,首先检测到原位压力为1.6MPa,随后进行打压。打压至15MPa,保压1h,最终压力为17MPa,现场打压测试与最终结果如图4-80所示。拆卸复位钻具,检查岩芯情况,岩芯管内岩芯长度为1.1m,其中浅海中粒—细粒砂层约长20cm,以下全是海泥,如图4-81所示。

图 4-79 球阀机构与弹卡机构执行到位

图 4-80 现场打压测试与最终结果

图 4-81 岩芯采取情况

第一回次的原位压力,在海深195m的地方应能达到1.9MPa,但是在甲板上检测时,连接的高压管路比较长,压力传到压力表过程中有损耗,从保压1h的效果来看,海底温度较低,甲板处温度较高,压力会上升,证明钻具的压力维持效果较好。钻具整体进尺1.5m,球阀至钻头处有30cm,因此岩芯进入岩芯管的长度为1.2m,量取岩芯长度时岩芯处于弯曲的状态,因此钻具的岩芯采取率可以得到保证。

2)第二回次

投放前钻具组装正常,密封位置机构正常,从钻杆接头处投放,使用低钻压低转速进行回转钻进,钻压为0.2t(1960N),泵量为30脉冲,约150L/min。在上一回次的基础上,钻深为6.5m。本回次总进尺1.5m,用时1min,钻进完成后,打捞过程顺利。

将内管总成下放至作业甲板后检查钻具本回次钻进情况:三弹卡机构执行未到位,球阀未翻转,拆卸后检查岩芯管岩芯采取情况,岩芯长度1.1m,全部为海泥,如图4-82、图4-83所示。

图4-82 岩芯采取情况

图4-83 被海泥包裹的齿轮-齿条结构

本回次钻具执行机构未到位,但是岩芯管内岩芯采取正常,钻进参数与上一回次一致,分析钻具自身容易出现的问题,可能是传动弹卡没有到位,由于地层全是海泥,较软,无法形成备力让内管总成卡进弹卡槽内,导致球阀没有翻转位移。分析本回次出现的原因后,准备在第三回次增加钻压,加大内钻头备力。

3)第三回次

投放前钻具组装正常,密封位置机构正常,从钻杆接头处投放,使用低钻压低转速进行回转钻进,钻压为 0.4t(3920N),泵量为 40 脉冲,约 160L/min。在上一回次的基础上,钻深为 9.3m。本回次总进尺 1.5m,用时 1min,钻进完成后,打捞过程顺利,卷扬机钢丝绳最大拉力 7.8kN。

将内管总成下放至作业甲板后检查钻具本回次钻进情况:在顶驱处安装起吊夹板时岩芯从钻具内掉落,下放后三弹卡机构执行没到位,球阀未翻转,拆卸后检查岩芯管岩芯采取情况,未见岩芯。拆卸钻具后发现牵引轴定位孔安装错误,导致提拉位移不够,球阀未翻转,纠正安装错误后进行下一回次试验。

4)第四回次

投放前钻具组装正常,密封位置机构正常,从钻杆接头处投放,使用低钻压低转速进行回转钻进,钻压为 0.6t(5880N),泵量为 40 脉冲,约 160L/min。在上一回次的基础上,钻深为 20.2m。本回次总进尺 1.5m,用时 2min,钻进完成后,打捞过程顺利,卷扬机钢丝绳最大拉力 12.3kN。

将内管总成下放至作业甲板后检查钻具本回次钻进情况:三弹卡机构执行功能正常,锁定弹卡锁住,传动弹卡解卡,球阀机构到位,球阀翻转 90°,限位键位移 20mm。拆卸钻具至保压段,连接高压管路与打压泵,没有检测到原位压力,随后进行打压。打压至 15.5MPa,保压 1h,最终压力为 15MPa,压力测试如图 4-84 所示。拆卸复位钻具,检查岩芯情况,岩芯管内充满岩芯,地层全是较软的海泥。

图 4-84　压力维持 1h 前后结果

本回次无原位压力，打压后压力没有上升，1h 下降了 0.5MPa，拆开球阀内部结构发现 O 型密封圈被切断，挤在了球阀的刃口处，但是仍具有一定的保压能力。更换密封圈后进行下一回次试验。

5）第五回次

投放前钻具组装正常，密封位置机构正常，从钻杆接头处投放，使用中钻压中转速进行回转钻进，钻压为 1.5t(14700N)，泵量为 40 脉冲，约 160L/min。在上一回次的基础上，钻深为 15.2m。本回次总进尺 1.5m，用时 1.5min，钻进完成后，打捞过程顺利，卷扬机钢丝绳最大拉力 11.9kN。

将内管总成下放至作业甲板后检查钻具本回次钻进情况：三弹卡机构执行功能正常，锁定弹卡锁住，传动弹卡解卡，球阀机构到位，球阀翻转 90°，限位键位移 20mm，如图 4-85 所示。拆卸钻具至保压段，连接高压管路与打压泵，首先检测到原位压力为 2MPa，随后进行打压。打压至 15MPa，保压 1h，最终压力为 16MPa，压力测试如图 4-86 所示。拆卸复位钻具，检查岩芯情况，岩芯管内充满岩芯，地层全是较软的海泥。

图 4-85 球阀机构与弹卡机构执行正常

本回次压力保持和岩芯采取率均较好，随着钻深增加，海泥性质的孔壁不稳定，因此，钻进过程中，在钻井液的冲刷下海泥很可能会填满岩芯。拆卸冲洗复位钻具后进行下一个回次试验。

图 4-86　保压段测得的原位压力与打压后最终压力

6）第六回次

投放前钻具组装正常，密封位置机构正常，从钻杆接头处投放，使用低钻压低转速进行回转钻进，钻压为 0.7t(6860N)，泵量为 40 脉冲，约 160L/min。在上一回次的基础上，钻深为24.7m。本回次总进尺 1.5m，用时 2min，钻进完成后，打捞过程顺利，卷扬机钢丝绳最大拉力 14kN。

将内管总成下放至作业甲板后检查钻具本回次钻进情况：三弹卡机构执行功能正常，锁定弹卡锁住，传动弹卡解卡，球阀机构到位，球阀翻转 90°，限位键位移 20mm。拆卸钻具至保压段，连接高压管路与打压泵，检测到原位压力 1MPa，没有进行打压。拆卸复位钻具，检查岩芯情况，岩芯管内充满岩芯，海泥质地较硬，内岩芯管与中层管之间充满了海泥，黏聚力较大，导致内岩芯管与球阀和过水接头机构拆卸时比较困难，如图 4-87 所示。

本回次原位压力只有 1MPa，拆卸后阀体处的检测孔密封圈损坏，没有进行打压测试。因为海泥具有很大的黏聚力，在拆卸的过程中破坏了阀体与过水接头的密封配合，重新组装后进行下一回次的试验。

7）第七回次

投放前钻具组装正常，过水接头与阀体密封配合摩擦力增大，钻具从钻杆接头处投放，使用低钻压低转速进行回转钻进，钻压为 0.7t(6860N)，泵量为 40 脉冲，约 160L/min。在上一回次的基础上，钻深为 36.8m。本回次总进尺 1.5m，用时 2min，钻进完成后，打捞过程顺利，卷扬机钢丝绳最大拉力 14kN。

将内管总成下放至作业甲板后检查钻具本回次钻进情况：三弹卡机构执行功能正常，锁定弹卡锁住，传动弹卡解卡，球阀机构没有到位，球阀翻转没有翻转。拆卸复位钻具，过水接头与阀体出现卡死的现象，工作人员只能强行拆卸(图 4-88)，拆卸后过水接头内壁出现螺旋状磨痕(图 4-89)。

图 4-87 内岩芯管与中层管之间充满海泥

图 4-88 工作人员强行拆卸
阀体与过水接头

图 4-89 内壁损伤的过水接头

第七回次结束后阀体与过水接头发生变形,装配出现卡死的现象,为保证之后试验的进行,只能对阀体非密封段进行打磨,使二者能正常装配。

8)第八回次

勉强安装钻具上密封段后,弹卡机构正常安装,整个钻具从孔口投放,使用低钻压低转速进行回转钻进,钻压为 0.7t(6860N),泵量为 40 脉冲,约 160L/min。在上一回次的基础上,钻深为 44.9m。本回次总进尺 1.5m,用时 2min,钻进完成后,打捞过程顺利,卷扬机钢丝绳最大拉力 12.3kN。

将内管总成下放至作业甲板后检查钻具本回次钻进情况:三弹卡机构执行功能正常,锁定弹卡锁住,传动弹卡解卡,球阀机构没有到位,球阀翻转没有翻转。拆卸复位钻具,过水接头与阀体又出现卡死的现象,强行拆卸,如图4-90所示。

图4-90 打磨后的阀体再一次出现卡死现象

第七、第八两个回次均是关键零部件卡死导致球阀没有位移进行翻转,所有弹卡机构均到位,剩余的位移被调节弹簧所吸收,从而引起了调节弹簧的大尺度变形。重新打磨阀体,更换调节弹簧,使钻具组装正常,进行下一个回次的试验。

9) 第九回次

投放前钻具组装正常,上密封机构经过打磨后,密封性能不能保证,从钻杆接头处投放,使用低钻压低转速进行回转钻进,钻压为0.7t(6860N),泵量为40脉冲,约160L/min。在上一回次的基础上,钻深为46.9m。本回次总进尺0.5m,用时1min,钻进完成后,打捞过程顺利,卷扬机钢丝绳最大拉力9.3kN。

将内管总成下放至作业甲板后检查钻具本回次钻进情况:三弹卡机构未到位,球阀机构未到位,球阀未翻转,没有岩芯,所有机构的状态为初始状态。

分析原因认为内管总成没有与外管总成锁住,导致所有机构未能正常执行,因此重新投放,进行下一回次试验。

10) 第十回次

投放前钻具组装正常,上密封机构经过打磨后,密封性能不能保证,从钻杆接头处投放,使用低钻压低转速进行回转钻进、钻压为0.9t(8820N),泵量为40脉冲,约为160L/min。在上一回次的基础上,钻深为51.2m。本回次总进尺1m,用时1min,钻进完成后,打捞过程顺利,卷扬机钢丝绳最大拉力8.1kN。

将内管总成下放至作业甲板后检查钻具本回次钻进情况:三弹卡机构未到位,球阀机构未到位,球阀未翻转,没有岩芯,所有机构的状态为初始状态。

分析原因认为内管总成没有与外管总成锁住,导致所有机构未能正常执行,情况与第九回次一样。因此对钻具进行水平方向的静拉试验,验证在备力的情况下,弹卡机构与球阀机构执行没有问题。

通过水平方向的静拉测试,弹卡机构与球阀机构执行正常,说明第九、第十两个回次是传动弹卡没有卡进弹卡槽内,导致没有执行位移。

11)第十一回次

正常组装钻具,从顶驱处投放,钻压为 0.7t(8820N),泵量为 40 脉冲,约 160L/min。在上一回次的基础上,钻深为 52.7m。本回次总进尺 1.5m,用时 2min,钻进完成后,打捞过程顺利,卷扬机钢丝绳最大拉力 7.8kN。

将内管总成下放至作业甲板后检查钻具本回次钻进情况:三弹卡机构未到位,球阀机构未到位,球阀未翻转,没有岩芯,所有机构的状态为初始状态。

本回次打捞时钢丝绳最大张力小于 10kN,初步分析为传动弹卡没有卡住弹卡槽,准备起钻,将外管总成提到孔口进行验证。

(三)孔口验证测试

将外管总成卡在井口,正常组装内管总成后用吊环起吊,向外管总成内快速投放,发现内管总成的传动弹卡会卡在钻杆的转杆接头处,如图 4-91 所示,使用大锤用力敲打很多次才能使内管总成落回座环位置,用自由钳手动将内管总成与外管锁定,之后进行内管总成打捞,弹卡机构与球阀机构执行正常,球阀完全翻转。此验证试验说明了第九、第十、第十一回次钻具机构未能正常执行的原因为传动弹卡形成自锁现象卡在接头处。

以上试验过程即是本次海上生产试验的所有内容,试验完成后对钻具进行保养并打包装箱,如图 4-92 所示。

(二)试验总结

1. 试验总体情况

本次海上生产试验共计 3d,24 小时作业,一共进行了 11 个回次海底钻进取芯试验,主要针对内管总成投放能否到位、内管总成能否顺利打捞、三弹卡功能能否正常执行、球阀机构能否正常关闭、保压段是否具有保压效果等进行测试。本次海上生产试验记录如表 4-5 所示。

在海上生产试验的 11 个回次试验中,整体海水深度为 195.2m,有 6 次弹卡执行机构功能执行正常,有 4 次球阀机构功能执行正常,且从卷扬机钢丝绳提拉时的张力可以得出,最大张力在 10kN 以上,弹卡机构和球阀机构执行正常,小于 10kN,说明内管总成没有与外管总成锁定;进行了 11 次钻进取芯,有 5 次岩芯管内有岩芯;11 次内管总成顺利投放,11 次内管总成顺利打捞;进行了 3 次整体井下钻进打捞后原位压力测试和打压测试,其中 2 次保压效果较好,另一次因球阀处密封圈损坏导致压力泄漏。

第四章 三弹卡齿轮-齿条关闭球阀式天然气水合物保压取芯钻具

图 4-91　内管总成卡在钻杆接头处　　　　图 4-92　钻具打包装箱

试验总结如下：

（1）钻具球阀机构执行正常，其密封性能可靠。通过充分的室内实验证明，只要该钻具的齿轮-齿条机构执行到位，球阀的压力保持效果就能得到保证。本次海上生产试验当中，在4次翻转成功的回次中选取了3次进行了原位压力测试和打压测试，总体来说压力维持效果较好。在第一、第五和第六回次进行了原位压力和打压测试，其中第一回次测试原位压力为1.6MPa，打压测试为15MPa，1h后压力为17MPa；第五回次测试原位压力为2MPa，打压测试为15MPa，1h后压力为16MPa；第六回次因为球阀密封圈损坏，原位压力泄漏，打压测试为15.5MPa，1h后压力为15MPa。

（2）钻具三弹卡执行机构运行正常。传动弹卡未出现卡死的现象，所有回次都能正常解卡，钻具顺利打捞；锁定弹卡执行状态稳定，在提拉位移到位的情况下能锁住整个内管总成的定位；限位弹卡运行正常，既保证在取芯过程中球阀不会翻转，又能在提拉过程中顺利解卡。

（3）内管总成顺利投放且钻进取芯正常。内管总成能顺利从顶驱进行投放，并在井下能自动与外管锁定，进行钻进取芯过程，取芯率比较可靠，完成后能顺利打捞，在地面能顺利卸开和解卡，各个零件运行正常。

2. 试验存在的问题

（1）外管总成管壁太薄，不能使用大钳紧扣，在下放海底以及作业过程中，钻杆短节存在脱扣掉落隐患。

（2）内管总成投放与打捞工序复杂，严重影响作业效率。

（3）岩芯管与中层管之间没有防沙处理措施，二者管壁之间的间隙进砂后影响钻具功能执行。

表 4-5 天然气水合物保压取样钻具海上生产试验记录表

回次	孔深/m	钻进时间/min	进尺/m	钻压/t	泵量/(L·min⁻¹)	转速/(r·min⁻¹)	内管总成下放方式	提拉最大牵引力/kN	三弹卡执行情况	球阀机构执行情况	压力保持情况	岩芯长度/m	备注
1	0	1	1.5	0.2	150	低速	孔口投放	未测	正常	翻转	原位:1.6MPa 打压:15MPa 1h后:17MPa	1.1	
2	6.2	1	1.5	0.2	150	低速	孔口投放	未测	锁定弹卡未锁定	未翻转	无	1.1	牵引轴销控安装错误,导致传动弹卡提前解卡
3	9.3	2	1	0.4	160	低速	孔口投放	7.8	锁定弹卡未锁定	未翻转	无	井口掉落	
4	15.2	1.5	1.5	1.5	160	中速	孔口投放	11.9	正常	翻转	无原位压力 打压:15.5MPa 1h后:15MPa	满管	球阀机构内O型密封圈被切断
5	20.2	2	1.5	0.6	160	低速	孔口投放	12.3	正常	翻转	原位:2MPa 打压:15MPa 1h后:16MPa	满管	
6	24.7	2	1.5	0.7	160	低速	孔口投放	14	正常	翻转	原位:1MPa	满管	阀体处密封圈损坏,导致压力泄露
7	36.8	2	1.5	0.7	160	低速	孔口投放	14	正常	未翻转	无	无	过水接头与密封阀体卡死,强行压缩小弹簧
8	44.9	2	1.5	0.7	160	低速	孔口投放	12.3	正常	未翻转	无	无	过水接头与密封阀体卡死,强行压缩小弹簧
9	46.9	1	0.5	0.7	240	低速	孔口投放	9.3	锁定弹卡未锁定	未翻转	无	无	所有弹卡机构仍为初始状态
10	51.2	1	1	0.9	240	低速	孔口投放	8.1	锁定弹卡未锁定	未翻转	无	无	地面拉弹卡到位,球阀翻转
11	52.2	2	1.5	0.7	240	低速	顶驱投放	7.8	锁定弹卡未锁定	未翻转	无	无	第十一回次后进行了孔口鉴证测试

(4)钻具关键机构复位麻烦,强度也需要进一步提高,关键零件容易变形,且没有备用件。

(5)岩芯管内没有岩芯衬管,每个回次清理比较复杂,应在下一代钻具中进行优化改进。

(6)传动弹卡机构与外管配合不可靠,严重影响钻具成功取芯。

3. 解决方案

(1)更改传动弹卡与外管配合结构,将 S75 绳索取芯钻具的弹卡结构融合在本套钻具内,实现扭矩的传动与限位的功能。

(2)增加钻具的防砂措施,堵住球阀机构处限位键的洞口。

(3)更改球阀结构,增大取芯直径,增加岩芯衬管部件。

(4)根据"海洋地质十号"科考船使用的钻杆,加工管壁合适的外管总成。

(5)增加专用工具外钻头固定基盘、快速起吊设备、高压管快速接头等。

第六节 三弹卡齿轮-齿条关闭球阀式天然气水合物保压取芯钻具的改进设计

三弹卡齿轮-齿条关闭球阀式天然气水合物保压取芯钻具是由课题组自主设计研发的深海球阀式保压取芯钻具,钻具在陆地生产试验和海上生产试验中暴露的问题如下:

(1)传动弹卡机构与外管配合不可靠,牵引轴机构较长,同心度较难控制配合,弹卡控制钻具差动位移不准确,严重影响钻具保压功能成功与否,图 4-93 为弹卡机构不可靠,导致球阀位移不到位的试验现象。

图 4-93 球阀位移不到位试验现象

(2)岩芯管与中层管之间清砂处理措施效果较差,在每个回次结束后,岩芯管与中层管二者的管壁之间间隙涌进较多的泥砂,由于过水接头的出水口太小,来自地面的冲洗液对间隙的冲洗强度不够,且进砂后影响钻具位移差动功能执行,如图 4-94 所示。

图 4-94　岩芯管与中层管之间充满泥砂

（3）岩芯管内没有岩芯衬管，取芯后缺乏对岩芯的保护，而且每个回次清理岩芯管比较复杂，球阀复位工序较复杂，需要将钻具的所有零部件都拆卸，浪费了较多的时间，严重影响了工作效率。

（4）该钻具的取芯直径只有 42mm，直径较小，主要限制岩芯直径的是球阀球体的通径，球阀机构使用的是完整的球体，完全放在钻具的中层管内，钻具的内径限制了球体的直径，进而限制了球体的通径。

课题组对试验中暴露的问题进行了优化改进设计，主要包括弹卡机构、球阀机构、钻具内水路流动路线、密封阀体机构、增加岩芯衬管等，改进后的钻具二维图如图 4-95 所示。相较于试验中的钻具来说，钻具整体的直径和长度没有太大的变化，配合以前使用的外管总成，投放和打捞的方式仍是井口投放和使用打捞器进行打捞，更改的是钻具钻进的传动和解卡方式及取芯直径，增大了钻具解卡的成功率，将各弹卡功能进行合并，简化了三弹卡机构，增加了岩芯衬管部件，改变了钻具保压段上端的密封结构，所以在差动位移上增加了衬管移动到球阀内的距离。具体的改进方案如下。

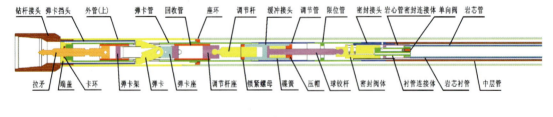

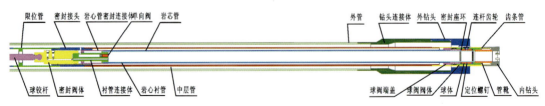

图 4-95　三弹卡齿轮-齿条关闭球阀式天然气水合物保压取芯钻具改进结构二维图

一、改进设计一

针对弹卡机构不可靠问题，试验中使用的是滑块式弹卡，与外管配合，通过牵引轴的台阶宽度确定弹卡解卡的差动位移，现将滑块式弹卡改为 S75 钻具所使用的弹卡结构，利用回收管将弹卡进行解卡，如图 4-96 所示。

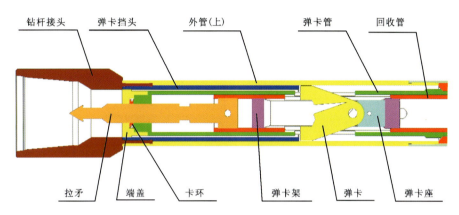

图 4-96　传动弹卡改进

此次改进的优点：缩短了牵引轴的长度，降低了对同心度的配合要求，拉矛直接与回收管相连接，在地面的提拉下，回收管解卡弹卡，完成差动位移后解除与外管总成的限位，整个钻具可以被提拉出钻杆。弹卡机构形状使用的是 S75 钻具式的弹卡，但是在此基础上也做了微小改动，如将弹卡厚度增加，切除两个弹卡重合的部分，将二者改为对称配合，其结构如图 4-97 所示，这样可以优化原弹卡结构回收管部件的左右对称设计。

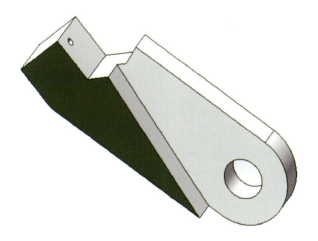

图 4-97　新弹卡零件结构示意图

二、改进设计二

针对钻具的解卡先后顺序不可控导致球阀翻转失败的问题,增加钻具差动位移调节机构,如图 4-98 所示。该机构使用螺杆,利用锁紧螺母进行固定,可以控制弹卡机构处回收管解卡传动弹卡的距离,结合理论数据与实际位移数据,将钻具的内管结构调节至合适的长度,保证球阀翻转位移到位的前提下,传动弹卡才解卡。

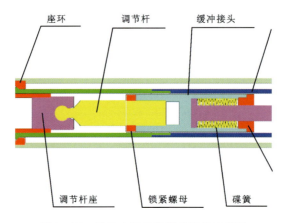

图 4-98 钻具内管长度调节机构示意图

三、改进设计三

针对钻具中层管与岩芯管之间的泥砂淤堵问题,改进中层结构,增大过水接头的过水直径,另外对保压段的中层管(不承压)进行优化,在过水接头一端的母扣处重新加工冲洗孔,进行 45°斜孔的钻孔,让钻井液更多地流入空隙当中,起到冲洗的作用。

四、改进设计四

针对钻具内没有岩芯衬管的问题,增加岩芯衬管结构,让其在钻进完成后,能更方便和更保真地处理岩芯。原设计是密封阀体与岩芯管直接相连,在地面的提拉打捞下,岩芯管直接带动球阀翻转。现将岩芯衬管安装在岩芯管内,如图 4-99 所示,衬管与衬管连接体连接,衬管连接体与密封阀体连接,在提拉牵引轴作用下,密封阀体与衬管连接体、衬管在轴向上成为一个整体,提拉的距离可以使衬管缩回球阀内部成为保压段;而岩芯管与岩芯管密封连接体连接,二者为一个整体;岩芯管连接体与岩芯衬管连接体为套管结构,通过台阶进行连接,在衬管缩回球阀内部后,联动岩芯管密封连接体带动球阀处的齿轮-齿条结构进行位移差动,使球阀完成翻转动作,实现保压段下密封。完成位移错动后,过水接头和密封阀体之间的呼吸孔由密封圈密封,实现保压段的上密封,从而实现带岩芯衬管的岩芯保压取芯。

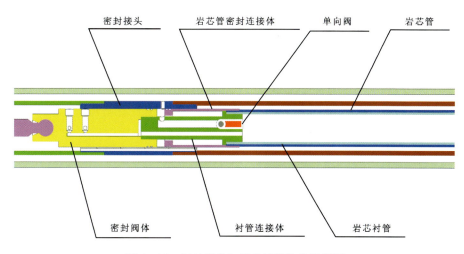

图 4-99 密封段增加岩芯衬管结构示意图

五、改进设计五

针对球阀通径较小的问题,球阀通径由球体直径决定,现使用的球阀球体安装在阀体内,球体整体放进阀体内部,因此球体的直径受到阀体内径的限制。由于钻具整体的直径有限,又要保证球阀的密封性,因此球体的通径受到很大的限制。改进方案是将球阀的阀体和端盖改成连杆式连接,如图 4-100 所示,留下阀体的上、下两处结构,供安装阀杆和球顶固定销钉使用,其他部分全部切除,然后将球体的固定旋转轴上下面削平,如图 4-101 所示,削平的两面可以相切着阀体的上下两个连杆放进阀体内,完成球阀的安装。

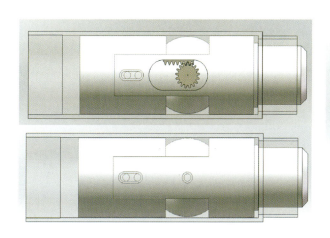

图 4-100 球阀改进结构示意图

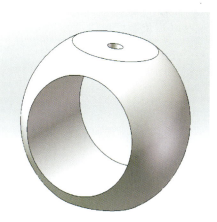

图 4-101 改进后的球体形状图

球阀的改进去除了球体、阀体无用的部分材料,解除了阀体内径对球体直径的限制,增大了球体内的通径,使得钻具取芯直径加大,且在球阀阀体的两个连杆结构处,增加了对球体的定位,使得浮动球阀结构变为固定球阀结构,固定球阀结构对密封阀座的密封圈要求没有浮动球阀严格,减少了球阀的密封圈尺寸适配问题,确保了阀座的密封功能。此外,端盖与阀体的连接使用槽键配合,利用螺母快速进行固定,缩短了球阀的装配时间。

  以上就是对三弹卡齿轮-齿条关闭球阀式水合物保压取芯钻具改进设计的具体方案,在前期大量试验数据和试验经验的基础上,保留了好的结构设计,解决了钻具在试验过程中暴露出的问题,从钻具的作业工艺出发,优化钻具结构,在功能和工作效率上都有了较大提高。

第五章 天然气水合物岩芯后处理系统

第一节 天然气水合物岩芯后处理系统组成

一、天然气水合物岩芯后处理系统部件介绍

天然气水合物岩芯后处理系统结构上包括4个单元：岩芯抓捕和切割单元、取样器保压单元、岩芯样品参数测试单元、岩芯样品存储单元。维持系统的运行包括3个模块：温度维持模块、压力维持模块、数据采集及控制模块，如图5-1所示。加工图加工出各个单元，组装在一起连接数据采集及控制模块，进行整个系统的调试。

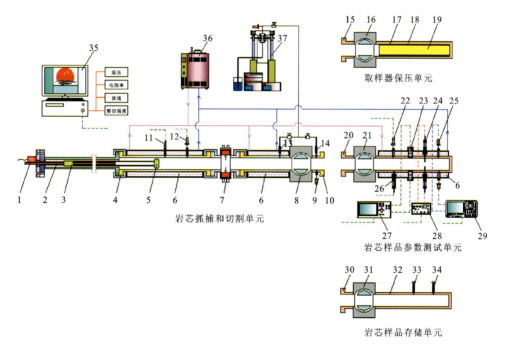

图5-1 天然气水合物岩芯后处理系统结构

1.驱动电机；2.螺杆；3.扶正环；4.法兰夹套；5.抓捕机构；6.循环冷却液；7.切割装置；8.球阀；9.压力传感器；10.法兰盘；11.压力传感器；12.温度传感器；13.高压管接头；14.高压管接头；15.法兰盘；16.球阀；17.保压筒；18.岩芯衬管；19.岩芯；20.法兰盘；21.球阀；22.温度传感器；23.声波测试探头；24.电阻测试探头；25.强度测试探头；26.压力传感器；27.声波发射仪；28.电阻测试仪；29.示波器；30.法兰盘；31.球阀；32.保压筒；33.温度传感器；34.压力传感器；35.PC控制端；36.水浴冷却装置；37.压力控制装置

(一)岩芯抓捕和切割单元

天然气水合物带压转移系统的岩芯衬管抓捕装置,在天然气水合物带压转移系统中实现对岩芯衬管的抓取、拖动、定位和释放动作,并为天然气水合物岩芯的切割、转移和参数测试服务。

该岩芯衬管抓捕装置采用电机驱动螺杆实现位移功能,螺杆腔左端为端面密封和驱动部件,长度为3.7m,右端通过快接与切割单元的岩芯暂存腔连接,右侧连接1号球阀,切割单元总长度为2.4m,如图5-2和图5-3所示。

图5-2 螺杆腔

图5-3 螺杆腔端面密封和抓捕头机构

岩芯切割装置中铡刀机构位于与外管总成中心轴线相垂直的方向,铡刀采用的是2205双相合金,采用高频淬火工艺,用于切割岩芯和岩芯衬管;监视机构位于外管总成的管壁处和铡刀上方,用于观测切割器内部情况,实现可视化操作、精准定位、快速切割,且对岩芯扰动小,如图5-4所示。

(二)取样器保压单元

取样器保压单元即保压取芯钻具,用于室内试验时模拟存放原位取样的岩芯样品,总长度为2.8m(图5-5),一端装有与岩芯抓捕和切割机构对接的球阀,另一端装有温度和压力监测传感器。

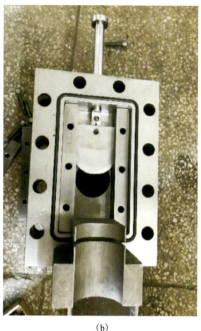

(a) (b)

图 5-4 切割器外观(a)和内视图(b)

图 5-5 保压取芯筒

(三)岩芯样品参数测试单元

水合物岩芯样品参数测试单元整体呈空心圆柱状,总长度为 1.7m,包括快速接头、球阀、温度传感器、压力传感器、声波探头、电阻率探头、强度探头、波速测量仪、电阻率测量仪、剪切强度仪。温度传感器和压力传感器分别用于监测岩芯样品参数测试单元内部的温度和压力;声波探头对称分布,用于测量水合物岩芯样品的纵波波速;电阻率探头前后分布,用于测量水合物岩芯样品的电阻率;强度探头和剪切强度仪用于测量水合物岩芯样品的剪切强度(图 5-6~图 5-8)。

图5-6 参数测试单元

图5-7 声波发射仪、示波器以及超声波探头

(四)岩芯样品存储单元

储存单元为带有温度监测显示仪和压力监测显示仪的保温保压筒,用球阀密封,总长度为1.7m,用于长时间存放天然气水合物岩芯样品或者将天然气水合物岩芯样品从钻井现场转移至室内实验室(图5-9)。

图5-8 电阻率测试仪

图5-9 岩芯样品储存单元

同时,温度监测显示仪和压力监测显示仪设有报警器,当岩芯样品存储单元内腔的温度超过设定的温度阀值、压力低于设定的压力阀值,将会进行声光报警。

(五)温度维持模块

温度维持模块采用恒温循环水浴+水夹套的方式,水浴箱为DC-1050型恒温水浴箱(功率3500W,电源220V)+LSD80PAX型工业冷水机(功率3800W,电源380V)双工作,温度控制范围在-10~100℃之间,总容积为30L,采用数屏显示,分辨率为0.01℃(图5-10)。

(六)压力维持模块

压力维持采用恒速恒压泵实时保持。该泵为立式双缸双伺服电机形式,自动控制,内部设计有 PLC,控制自成一体,不依赖其他计算机就可以实现控制,但配置有通信口,可与计算机联网采集泵相关数据,也可由计算机通过软件控制泵的工作并在软件上实时显示压力、流量等参数曲线(图 5-11)。恒速恒压泵与岩芯切割暂存腔连接,岩芯切割暂存腔配有压力传感器,要求的压力值在软件中设定,通过软件实时采集压力传感器的数值并与设定值进行对比,然后反馈给恒速恒压泵的控制程序,从而达到压力保持的目的。

（七）数据采集模块

数据采集的探头有温度传感器、压力传感器、P 波探头、电阻率探头和强度测试探头,通过数据采集控制单元实现传输、处理、存储、显示和反馈天然气水合物岩芯样品的性能参数数据,图 5-12 为数据采集系统总控台,图 5-13 为数据采集系统界面。

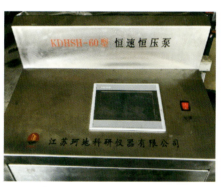

图 5-10　恒温水浴箱　　　　图 5-11　恒速恒压泵　　　　图 5-12　数据采集
　　　　　　　　　　　　　　　　　　　　　　　　　　　　　　系统总控台

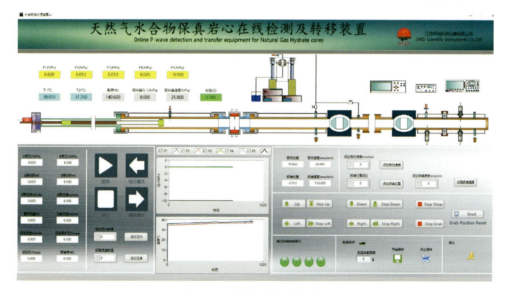

图 5-13　数据采集系统界面

第二节　天然气水合物岩芯后处理系统第一次室内试验

一、试验目的与任务

天然气水合物后处理系统的关键技术在于温度控制技术、压力控制技术、动态高压密封组合技术、带压切割技术、带压可视化技术、带压参数检测技术等核心技术。高压密封元件是实现设备功能的关键基础,由于设计与加工之间存在不可避免的误差,加工完成之后需要对各个零部件进行调试,通过试验组装调试修改,让每个零部件、每个模块之间能很好地配合,解决结构上的问题。

天然气水合物后处理系统装置后续要进行海上生产试验,与保压取芯装置进行对接,完成天然气水合物从取样到原位状态下的切割、储存以及参数检测等试验。通过室内试验模拟在高压低温环境下抓捕装置对岩芯衬管的抓取、拖动、定位和释放动作,对岩芯的切割以及储存转移和参数测试,实现对岩芯的声波纵波波速、电阻率、剪切强度3个参数的测试,完成海上生产试验前的各项功能测试。

室内试验需要按照海上生产试验的工作过程对试验装置进行模拟,所有的技术参数和试验条件都应以钻探船上的条件为参照。

天然气水合物后处理系统采用的是模块化设计,室内试验要保证每个模块都能实现相应的功能,主要任务包括:

(1)验证温度控制模块和压力控制模块,在试验过程中需要保证温度和压力在设计的范围内。

(2)实现高压低温环境下岩芯衬管抓捕装置对岩芯衬管的抓取、拖动、定位和释放动作。

(3)实现切割装置的岩芯切割功能,将切割后的两部分岩芯分别进行储存转移和参数测试。

(4)实现对岩芯的声波纵波波速、电阻率、剪切强度3个参数的测试。

(5)做好试验记录,在试验过程中随时对装置进行调整,最终以实现装置功能为目的。

二、天然气水合物后处理系统室内恒温恒压试验

为保证天然气水合物的原位状态,温度和压力是最基本的保证,在所有后处理的操作过程中,必须达到天然气水合物赋存所需的低温高压条件。恒温试验采取装置外循环的方式,可伴随另外的试验一同测试,整个装置的恒压试验先分模块进行,之后组装在一起进行恒压试验,模拟后处理过程中从岩芯抓捕到岩芯储存和参数检测过程的压力维持。

(一)恒温试验

试验采用的是恒温水浴箱＋水夹套循环的方式。恒温水浴箱采用的是 DC-1050 型水浴箱,水夹套焊接在外管总成外面,每个部分都有进出水口,由下端进水、上端出水,每个水夹套之间用钢丝管连接,连接处用抱箍锁紧。因为整个系统的材料采用不锈钢材质,传热比较快,为了保证恒温水浴的保温效果,将装置和水管外全部裹上保温棉,如图 5-14 所示。

图 5-14 装置保温措施

第一次进行降温操作,循环液采用清水,由于室温较高,先打开水浴箱进行自循环工作,经过 2h 后水温降至 20℃以下,再连接水管对装置进行降温和恒温。经过 12h 的恒温,水浴箱内水的温度为 7.1℃,装置内温度维持在 13℃不变化,降温效果不明显,如图 5-15 所示。

第二次降温试验循环液采用清水和酒精 1∶1 的混合液,自循环 3h 即降到 -5℃,故连接后处理装置进行整体循环。夜晚降温水浴 12h,上午 7 时整个装置温度为 4.85℃,随着室温上升,装置内温度也逐渐上升,经过 2h 抓捕切割试验后,上午 9 时温度达到 12.12℃。试验证明酒精能降低循环液的凝固点,降温更加容易,但室温的影响还是很大,水浴箱的功率无法维持 10℃以下的较低温度,如图 5-16 所示。

图 5-15 水浴箱内水温

图 5-16 酒精混合循环液降温效果

两次降温效果有变化,循环液采用酒精混合液效果明显,但整个装置内的水夹套空间较大,需冷却循环的液体较多,所用的恒温水浴箱功率不满足,因此使用 DC-1050 型恒温水浴箱和 LSD80PAX 型工业冷水机两台水浴箱进行恒温试验(图 5-17)。将 1、2 号球阀之间的恒温水管断开，抓捕和切割单元、取样器保压单元各接一个恒温水浴箱，循环液仍采用酒精和水的 1∶1 混合液。

图 5-17　两台恒温水浴箱分别工作

使用两台水浴箱进行恒温试验，降温效果没有明显变化，经过 12h 后，温度降低到 7℃。进行抓捕和切割试验，2h 后，温度变化不大，试验完成温度只达到 8.5℃，恒温效果良好，如图 5-18 所示。

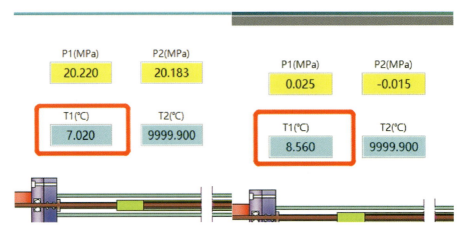

图 5-18　试验 2h 前后温度变化

(二) 各单元的恒压试验

结构上的 4 个单元各有一个球阀，球阀两端由法兰和快速连接接头连接，恒压试验主要验证球阀、法兰、快速连接接头和端盖处的密封性。恒压试验采用手动打压泵和恒速恒压泵两种加压方式，同时工作可提高效率。每个单元都预先使用水泵快速向内部注满水，然后将高压管与打压泵连在一起进行打压。

向切割和抓捕单元内注满水,关闭球阀,充压口连接恒速恒压泵,通过恒速恒压泵阶段性的充压5MPa、10MPa、15MPa、20MPa,前3个阶段恒压10min,充压至20MPa后保压1h,保压率为98.9%,保压效果良好(图5-19)。

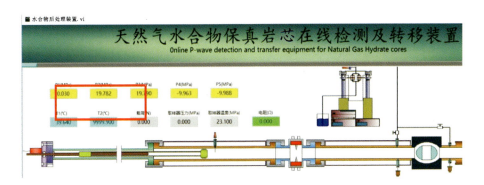

图5-19　岩芯抓捕和切割单元完成充压后保压1h后压力

随后向保压取芯筒注满水,关闭球阀,尾部连接手动打压泵,充压至20MPa,通过快速接头连接岩芯切割和抓捕单元,打开1号球阀。此时切割和抓捕单元内的压力下降,在恒速恒压泵的作用下,待2号球阀至抓捕单元间的压力上升到20MPa后,打开2号球阀,将取芯筒和切割抓捕单元整体恒压1h,效果良好。

单独测试参数检测单元的保压功能,向参数检测单元注满水,关闭4号球阀,从尾部连接高压管,通过手动打压泵打压,阶段性恒压5MPa、10MPa、15MPa、20MPa,前3个阶段恒压10min,充压至20MPa后保压1h,压力基本不变,保压效果良好(图5-20)。

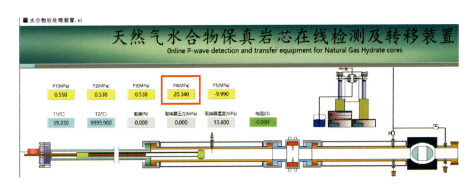

图5-20　参数检测单元完成充压后保压1h后压力

同样地,对岩芯储存单元进行保压测试,储存单元处的球阀为3号,球阀和法兰以及端盖处密封良好,打压至20.36MPa,保压1h后压力为20.19MPa,保压率为99.1%,保压效果良好(图5-21)。

所有单元做完保压试验后,观察球阀法兰处的密封圈损坏情况。法兰由凸面和凹面配合,采用的密封圈为ϕ120mm×5.7mm,每次紧上法兰经过打压之后,密封圈都会被切破,第

图 5-21　储存单元保压前后压力数值

二次打压时不能保压,基本上都是一次性使用。因此,将法兰处的密封圈用四氟圈替换,密封效果更好,且使用寿命更长(图 5-22)。

图 5-22　损坏的密封圈和四氟圈

(三)岩芯衬管抓捕试验

岩芯抓捕是实现切割转移的前提,抓捕过程是后处理不可或缺的步骤,抓捕器也是后处理系统中容易损坏的部件,因此抓捕器对岩芯衬管的抓捕至关重要。

岩芯衬管抓捕测试用的是外径为 40mm 的 PVC 塑料管作为衬管,接头处粘接一个外径 48mm、厚 4mm 的转接头,在转接头上进行开槽和倒角,便于抓捕头进入岩芯衬管并抓取,图 5-23 为加工后的转接头,另一端粘接衬管。

将抓捕头从 C 型管卸下,连接一个细长杆,手动拖动抓捕头进行拖动试验(图 5-24),抓捕头时常出现卡顿的现象,增大抓捕头外壳前端的倒角,当手动拖动抓捕头没有卡顿时再回装 C 型管上,采用电机驱动,抓捕头在装置内运行顺利。

图 5-23　岩芯衬管 　　　　　　图 5-24　抓捕头手动拖动测试图
　　　　　转接头

进行空管抓捕试验,首先在2号球阀与取芯筒之间的快速连接接头处安装喇叭口管,原因是C型管太细,直径比转移装置的内径小太多,伸出的长度太长之后会有明显下垂现象,从而导致抓捕头在伸进衬管转接头过程中会顶到转接头,不能顺利卡进转接头。其次,在转接头上内侧加工倒角(图5-25),也是为了抓捕头能顺利伸进转接头内。为了防止抓捕头卡进喇叭口内,需要严格控制岩芯衬管的长度,要求其既能保持同心,又不能卡住喇叭口。将抓捕头卡住喇叭口的位置向前延伸5mm,能保证抓捕头顺利伸进转接头,因此岩芯衬管的长度为2005mm最合适。

在抓捕衬管时出现了过抓取现象,探针卡住转接头后,L型挂钩不能顺利回弹。主要原因是抓捕头内部在探针弹簧和芯轴弹簧的相互作用下卡住,芯轴不能回弹。对芯轴重新加工,在前端磨出一个斜面,之后芯轴能顺利回弹(图5-26)。

图 5-25　转接头倒角 　　　　　　图 5-26　过抓取现象和打磨后的芯轴

修改抓捕头之后在常温常压下进行了5次空管抓捕和解卡试验,5次均成功抓取岩芯衬管并成功解卡,且在拖动过程中没有出现卡顿的现象(图5-27)。

(四)岩芯切割试验

模拟天然气水合物岩芯切割过程中,考虑到天然气水合物的硬度与冰类似,因此采用冰作为岩芯进行切割。除此之外,实际天然气水合物岩芯大部分属于浅海沉积物,可用土、细砂和粉砂模拟浅海沉积物。因所取的土为砂土,黏性不够,向其中添加乳胶液增加黏性。

图 5-27 抓捕试验成功示意图

试验所用 3 种岩芯：第一种是将清水进行冷冻成冰制成的岩芯；第二种是用黏土制作泥浆，将泥浆进行冷冻制成的岩芯；第三种是用土、细砂、粉砂和乳胶液进行混合制成的岩芯，土、细砂、粉砂的比例为 3∶1∶1，加入一桶乳胶液 900g，灌入岩芯衬管中敦实，让其自然晾干结实（图 5-28）。

图 5-28 制作岩芯原材料

1. 常温常压下岩芯切割、转移试验

第一次岩芯切割试验，采用 PVC 材质的岩芯衬管，使用土、细砂、粉砂、乳胶液混合制作岩芯。整个岩芯衬管长 2005mm，除转接头外岩芯全部填充（图 5-29）。

将岩芯放进保压取芯筒中，通过快接连接岩芯抓捕和切割单元，因在常温常压状态下，球阀保持常开状态。控制步进电机将抓捕头伸进取芯筒内，到达抓捕位置 3297mm，停止前进。控制步进电机反挡，将岩芯衬管回拉，到达切割位置，抓捕头距初始位置 10mm，进行切割。切割完毕后取下取样器保压单元，换上岩芯储存单元，通过快接与切割单元连接，打开 3 号球阀，正挡步进电机将切割后的岩芯送入储存单元。剩下的一段岩芯随抓捕器拉回至初始位置，进行脱卡。

图 5-29 岩芯切割位置

试验结果为切割位置在 1045mm 处，一段岩芯长 1045mm，转移至岩芯储存单元，另一段长 960mm，随抓捕器回拉存至切割单元暂存腔内。岩芯切割面较平整，岩芯衬管有明显压缩变形，断口有少许毛刺，向下翻转呈喇叭口状（图 5-30、图 5-31）。

图 5-30 岩芯切割断面

图 5-31 岩芯衬管喇叭状断口

2. 常温常压下不同材质的岩芯衬管切割试验

PVC 管切割断口翻转的问题会影响后续岩芯的转移,衬管将卡进转移装置内的缝隙中,更换衬管材料,试验选用 PVC 管、PVC 透明管和有机玻璃管进行切割,对比 3 种材料的切割断口,选择断口平整的材料。

单独进行切割试验,选取衬管长度为 1m,分别装有水、泥浆和砂土混合物作为岩芯。衬管内岩芯的软硬程度会影响切割断口面,因此对所有的岩芯进行 14h 冷冻处理。

试验结果:PVC 管切割面平整,管口没有出现毛刺和翻口现象;有机玻璃管切割断面不平整,有机玻璃管出现破裂,在切割装置内容易留下玻璃渣(图 5-32～图 5-35)。

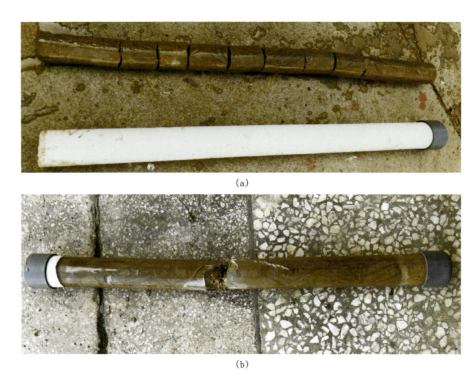

图 5-32 衬管切割后对比
(a)PVC 管;(b)有机玻璃管

通过比较,在经过冷冻后岩芯更硬的情况下,PVC 管相对于有机玻璃管切口断面更平整,没有出现喇叭口和毛刺的现象,因此 PVC 管更适合做岩芯衬管。

3. 恒温下冰冻岩芯切割试验

该试验采用冰冻后的岩芯,目的是验证在整个抓捕拖动和切割的过程中,恒温水浴对岩芯是否起到了保温作用。试验采用 PVC 材质的岩芯衬管,长度为 2005mm,岩芯通过 14h 冷冻后,放入保压取芯筒内。所有装置均经过 14h 恒温处理,温度维持在 13℃。

图 5-33 切口断面对比
(a)PVC 管;(b)有机玻璃管

图 5-34 有机玻璃管切割前后对比

图 5-35 融化后的岩芯和切口断面

试验结果为原冷冻的岩芯已经融化,泥浆流至内管,部分泥浆还保持着岩芯的状态存在于岩芯衬管中。切割后的 PVC 岩芯衬管切口断面不平整。表明此次水浴效果不好,不能保证岩芯在完成切割前保持原有状态,需要更换试验装备继续进行试验。

4. 恒压下岩芯抓捕、切割试验

该试验目的是验证在压力状态下,抓捕器能否成功抓捕岩芯衬管,切割器能否正常工作。岩芯衬管仍用 2005mm 标准长度,将砂土和乳胶液混合制成的岩芯放入 PVC 岩芯衬管中自然晾干,待岩芯凝固后放入保压取芯筒内。

通过快接将切割单元和保压取芯筒连接,然后水泵向装置内快速注水,待水注满以后连接手动打压泵打压(图 5-36),打压至 15MPa 后开始进行抓捕、拖动、切割和脱卡试验。

试验结果:在压力状态下,抓捕器抓捕和脱卡成功,切割器在切割中压力有浮动,铡刀切割的时候压力上升,铡刀上升时铡刀连杆的螺母处喷水,压力泄漏。切割的岩芯衬管切割面平整(图 5-37),岩芯仍保持原有状态。

图 5-36 手动打压至 15MPa　　　　图 5-37 岩芯切割断面

针对铡刀连杆处螺母漏水的问题,拆开铡刀进行检测,发现是连杆处的密封圈损坏。原因是连杆表面的光洁度不够,铡刀多次上下移动,导致密封圈磨损(图 5-38)。增加连杆表面光洁度,并在槽内增加 2 个四氟圈将密封圈包住,再进行打压试验,铡刀在上升过程中没有出现渗水现象。

5. 恒温恒压下岩芯抓捕、切割、转移试验

该试验全程模拟高压低温状态下岩芯衬管抓捕装置在天然气水合物带压转移系统中对岩芯衬管的抓取、拖动、定位和释放,实现岩芯的切割和转移。

试验中用 DC-1050 型恒温水浴箱对抓捕和切割单元进行恒温处理 12h,取样器保压单元和储存单元用 LSD80PAX 型工业冷水机进行恒温水浴,水浴循环介质均使用清水和酒精 1∶1 的混合液。岩芯使用冷冻的冰块和黏土与聚乙烯醇胶水混合物,如图 5-39 所示,黏土与胶水 4∶1 混合。

第五章 天然气水合物岩芯后处理系统

图 5-38 铡刀连杆和磨损后的密封圈

图 5-39 黏土与聚乙烯醇胶水制作岩芯

将黏土灌入岩芯衬管中,晾放 12h,待胶水凝固,岩芯强度类似浅海沉积物。向衬管中注满水,放进冰柜中冷冻 12h,岩芯强度类似于天然气水合物。试验前后处理装置已经恒温水浴 12h,温度降到 7℃,向切割和抓捕单元里注满冰水,关闭 1 号球阀,用恒速恒压泵通过切割单元的岩芯暂存腔高压接口打压至 20MPa。随后打开切割单元和取样器保压单元之间的快速接头,打开 2 号球阀,将长为 2005mm 带有冰块的岩芯衬管放入取样器保压单元中,迅速合上快速接头,在取样器尾部通过水泵快速向内部充水,充满后换上手动打压泵进行打压,将压力打至 20MPa。

打开 1 号球阀,切割单元和取样器保压单元连通,启动步进电机,开始进行岩芯抓捕工作。抓捕头到达抓捕位置 3300mm 后,反转步进电机,将岩芯衬管回拖精准定位到切割位置,抓捕头位置在 5mm 处,此时岩芯衬管的切割长度大概是 950mm。关闭 1 号球阀,开始对岩芯进行切割。在切割过程中对取样器保压单元进行泄压,然后通过 1、2 号球阀之间的快速接头,更换取样器保压单元,连接储存单元,打开储存单元处的3号球阀,同样用水泵向储存单元内快速注水,连接手动打压泵打压至20MPa。

当岩芯切割完成后,打开1号球阀,切割单元与储存单元连通,启动步进电机,将切割的一段岩芯推至储存单元,此时抓捕头的位置为2350mm。然后将另一段岩芯继续拉回,关闭3号球阀。抓捕头直接退回原位进行解卡,全部动作完成以后,对装置进行泄压。查看试验结果,打开螺杆腔与切割暂存腔之间的快速接头,成功抓取到岩芯衬管,抓捕头顺利解卡;打开储存单元尾部端盖,岩芯衬管顺利转移;试验结束装置内最终温度为8.5℃,所用岩芯冰块全部融化;岩芯衬管的切割断面完整,如图5-40所示。

图5-40　PVC管切割端面

试验全程在20MPa的压力下进行,在切割过程中,由于铇刀下放,厚度增加,内部的压力会增大,试验全程的压力变化如图5-41所示,试验结束温度上升到8.5℃。

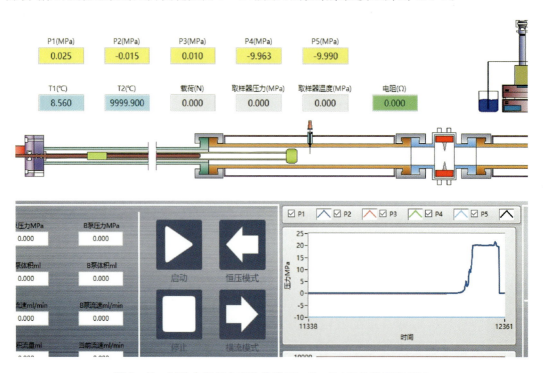

图5-41　试验全程压力变化曲线(P_1、P_2、P_3)和最终温度(T_1)

由于切割单元经过多次的切割试验,铡刀刀口出现卷口的现象,原因为2205双相合金的硬度不够,于是将铡刀材料更换为9Cr18不锈钢。9Cr18不锈钢淬火后具有高硬度、高耐磨性和高耐腐蚀性,后续试验中铡刀没有出现卷口现象(图5-42)。

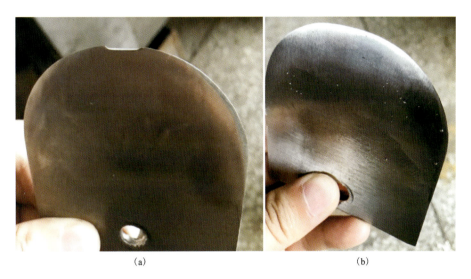

图5-42　2205双相合金(a)和9Cr18不锈钢(b)

(五)岩芯参数测试单元测试

岩芯参数测试单元测试中,分别对岩芯的P波波速、电阻率和强度3个参数进行了测试。课题组经过讨论,广泛联系国内外知名探头研制单位,订制的P波波速探头最小直径可达6mm,探头连接示波器能清晰地调出波形,遇到不同介质时波形变化也比较明显。电阻率测试仪测试速度较快,在线测试任何物体都能快速准确地得出电阻率,并能直接从测试仪上得到电阻率示数。强度探头也能顺利工作,通过丝扣先内旋入,在数据采集界面能直接读出压力,然后通过黏性土不排水抗剪强度与孔压静力触探(CPTU)的净锥尖阻力之间的关系,得到样品的不排水抗剪强度。

(六)试验总结

天然气水合物后处理装置室内试验完成,根据模块化设计,温度压力控制模块能达到试验所需要的环境条件;从结构上看,所有的单元都具备很好的保压功能,4个电动球阀工作顺利;抓捕单元的抓捕功能能够很好地实现,且在转移过程中能保证稳定抓取的状态,转移检测完成能顺利解卡,抓捕头的位移控制也比较准确,在定位精度上能控制在2mm内;切割单元的铡刀采用9Cr18不锈钢特殊材料加工,经过高频淬火工艺处理后,切割岩芯能保证刀口不发生卷口现象;储存单元内的压力和温度能实时监测和控制,保证储存单元内样品所需要的温度和压力条件。

目前存在的问题主要是岩芯参数测试单元,另外在储存单元内的样品如何进行下一步处理也还需要考虑,以下列出后处理装置存在的具体问题:

(1)声波和电阻率探头外需要设置金属壳进行保护(图5-43),防止高压环境损坏探头,但是与探头接触的金属端面较厚,超声波从探头发出,经过金属外壳后衰减非常厉害,几乎接收不到声波,外加岩芯衬管处的衰减,很难测出样品的纵波波速。

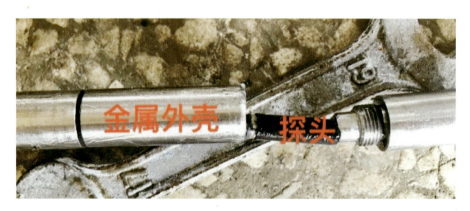

图5-43 金属外壳与探头

(2)测试探头的直径为15mm,原测试方案是先用打孔设备打孔,再换上测试探头进行测试。由于探头直径大,所需打孔钻头也大,打孔时不能保证孔的完整度,容易出现毛边现象(图5-44),在更换打孔钻头和测试探头的过程中,不能完全保证不损坏密封圈,因此密封效果也难以保证。

图5-44 衬管打孔试验出现毛边现象

(3)由于岩芯衬管先做好了探针沟槽的加工和管口内倒角处理,因此抓捕容易实现,但是衬管在被切割时首先是被铡刀挤压,之后才被切割断开,因此衬管的断口是扁平的管口,储存单元内的样品很难实现衬管的二次抓捕。

(4)水浴恒温控制受环境温度影响较大,环境温度高,装置水夹套内容积较大,配备的水浴箱很难降到所需温度。目前是使用两台水浴箱进行降温,后续是继续使用两台水浴箱同时工作,还是更换功率更大的水浴箱有待商议,需根据海上生产试验的环境条件进行调整。

第三节 天然气水合物岩芯后处理系统第二次室内试验

一、参数测试设备介绍

天然气水合物岩芯样品参数测试单元包括快速接头、球阀、水夹套、岩芯测试腔、参数测试探头、岩芯衬管旋转定位装置、内部观察窗、温度传感器、压力传感器,该单元全部使用不锈钢材质,全长1.7m。

对于岩芯检测的物性参数,课题组在研发时确定了3个物性参数,分别是声波纵波波速、电阻率、剪切强度,超声波脉冲发生器采用的是广东汕头超声电子股份有限公司CTS-8077PR型脉冲发生接收仪,示波器采用的是普源精电科技DS1000Z系列数字示波器,电阻测试采用的是同惠TH2515系列直流电阻测试仪,剪切强度测试采用静力触探进行原位测试,使用南京天光电气科技有限公司研发的拉力传感器进行荷载测量,传感器额定荷载1~200kN。

(一)超声脉冲发生接收仪与示波器

CTS-8077PR型脉冲发生接收仪是符合欧标(EN12668:2000)探头测试系统要求的具有极低噪声和宽频带的接收放大器,并由高性能方波脉冲发生器和高压电路组成先进的发射电路,与数字示波器组合可对超声探头声学特性与性能指标进行测试和评价,也可用于超声波探伤系统探伤、厚度测量、材料特性测定,仪器如图5-45所示。

图5-45 CTS-8077PR型脉冲发生接收仪

该脉冲发生器是宽带方波脉冲发射器,具有 30MHz 的宽频带,脉冲宽度可调范围为 25~6500ns,最小步进为 5ns,可以对应 80kHz 到 20MHz 的探头;脉冲电压可调 －400~－25V,以 25V 为步进;脉冲重复频率可选,重复频率高达 5kHz;具有 60dB RF 增益,1dB 步进调整;50dB RF 衰减,1dB 步进调整;10MHz 或 30MHz 可选低通滤波器,1kHz 或 1MHz 可选高通滤波器。该发生器可以用于探伤、厚度测量、声速测量、频谱分析、换能器特性测量以及其他监控材料和过程测量等领域。

普源精电科技 DS1000Z 系列数字示波器是针对最广泛的主流数字示波器市场需求而设计的高性能经济型数字示波器。其中,针对嵌入式设计和测试领域的应用而推出的混合信号数字示波器具备 16 个数字通道,允许用户同时测量模拟数字信号。

本系统所使用的是 DS1104Z Plus 型示波器(图 5-46),有 4 个模拟通道,16 个数字通道,模拟通道带宽分别为 100MHz、70MHz、50MHz,实时采样率达 1GSa/s,标配存储深度达 24Mpts,波形捕获率达 30 000 个/s,有多达 6 万帧的硬件实时波形不间断录制和回放功能,内置 25 MHz 双通道函数/任意波发生器,具有丰富的数据接口[USB Host&Device、LAN(LXI)、AUX]、7 英寸 WVGA(800×480)TFT 液晶屏和多级波形灰度显示功能,型号和主要指标如表 5-1 所示。

在本次试验中,需要测试岩芯的纵波速度,利用超声发生器与示波器可以得到超声波首波到达时间,根据岩芯直径即可测出波速,测试系统的线路连接方法如图 5-47 所示。

声波测试探头尺寸小、耐压性好,是厂家根据压电效应原理特制的超声换能器。特制声波探头直径 7mm,耐压 30MPa,由不锈钢金属外壳包裹,发射、接收声波性能好(图 5-48)。经直接对接测试,探头的声波传播延迟时间为 1.2us(图 5-49)。

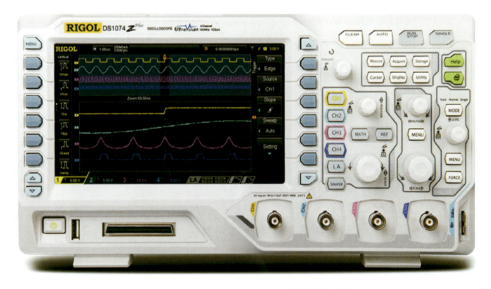

图 5-46　DS1104Z Plus 型示波器外观图

表 5-1 DS1000Z 系列数字示波器型号指标

型号	DS1054Z	DS1074Z Plus	DS1074Z-S Plus	DS1104Z Plus	DS1104Z-S Plus
示波器模拟带宽/MHz	50	70	70	100	100
模拟通道数	4				
数字通道数	无	DS1000Z Plus 可支持 16 个数字通道			
最高实时采样率	模拟通道:1GSa/s(单通道),500MSa/s(双通道),250MSa/s(三/四通道);数字通道:1GSa/s(8 通道),500MSa/s(16 通道)				
最大存储深度	模拟通道:24Mpts(单通道),12Mpts(双通道),6Mpts(三/四通道)标配 数字通道:24Mpts(8 通道),12Mpts(16 通道)标配				
最高波形捕获率 s/(个·s^{-1})	30 000				
硬件实时波形不间断录制和回放功能	最多可录制 60 000 帧				
标配探头	所有型号都标配有 4 套带宽为 150MHz 的 PVP3150 无源高阻探头				
内置双通道 25MHz 信号源	无	有	无	无	有

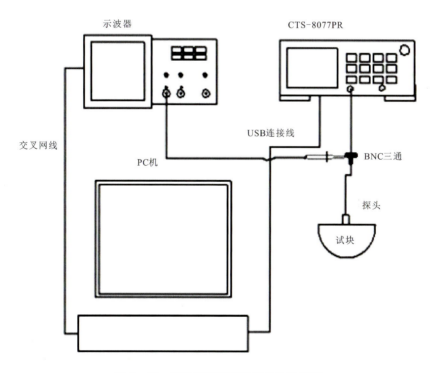

图 5-47 测试系统线路连接方法示意图

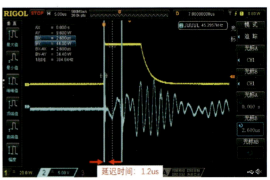

图 5-48　特制小尺寸耐压声波探头　　　图 5-49　声波探头系统延迟时间测试结果

经过反复自检,两个探头直接对接,涂上白凡士林作为耦合剂,延迟时间最短为 1.2us,最长为 1.4us,延迟时间长短与涂抹的耦合剂多少和压紧力度有关。因试验中探头是在压力情况下进行参数检测,选取测试的较短时间作为延迟时间。

(二)直流电阻测试仪

同惠 TH2515 系列直流电阻测试仪带触摸和彩色液晶显示功能,采用当前主流的 32bits CPU 和高密度 SMD 贴装工艺,带触摸功能的 24 位色 4.3 英寸彩色液晶屏,具有 0.01% 的最高电阻测量精度及 $0.1\mu\Omega$ 最小电阻分辨率,外观如图 5-50 所示。该电阻测试仪适用于继电器接触电阻、接插件接插电阻、导线电阻、印制板线路及焊孔电阻等,可以有效消除热电对被测元件接触影响而引起的潜在误差;温度补偿和温度转换功能可免除环境温度对测试工作的影响;失调电压补偿功能能够有效消除被测件自身的电动势以及接触电势差等。TH2515 系列具有超高速的测试速度以及通过 handler 接口可以输出 10 挡不同边界的比较结果信号,可以提供几乎所有主流的接口功能,方便于 PC 进行数据通信和远程控制。

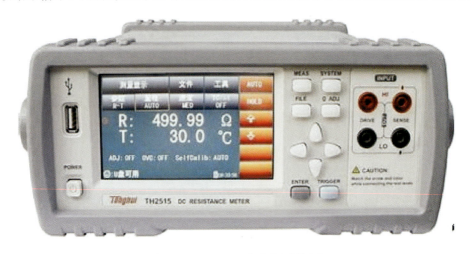

图 5-50　TH2515 直流电阻测试仪

将正负极测试线接入测试仪,测试端为金属夹手,改装为与电阻率探头引出的银线快速连接的旋钮快接,仪器本身和测试线电阻较小,为 30~100mΩ,几乎可以忽略不计。为保证仪器精确测量,开机预热时间应不少于 30min。TH2515 可测量参数有电阻(R)、电阻和温度(R-T)、温度(T)、低电压下所测试的电阻(LPR)、温度和低电压下所测试的电阻(LPR-T),仪器有 11 个直流电阻测试量程、4 个直流低电压测试量程;温度的测试范围为 -10~99.9℃;测量显示两类参数:电阻参数和温度参数,其中电阻量程、电流、分辨率等参数如表 5-2 所示。

表 5-2 TH2515 测试仪相关参数

电阻量程	电流	分辨率	准确度/% (R_d+F_s)
20mΩ	1A	0.1uΩ	0.10+0.025
200mΩ		1uΩ	0.05+0.030
2Ω	100mA	10uΩ	0.03+0.010
20Ω	10mA	100uΩ	0.02+0.008
200Ω		1mΩ	0.01+0.002
2kΩ	1mA	10mΩ	0.01+0.002
20kΩ	100uA	100mΩ	0.01+0.002
100kΩ		1Ω	0.01+0.005
1MΩ	10uA	10Ω	0.02+0.005
10MΩ	1uA	100Ω	0.05+0.010
100MΩ	100nA	1kΩ	1.00+0.100

注:R_d 表示读数;F_s 表示量程。

根据说明手册测试误差计算公式如下:

$$误差 = \frac{测量值 \times R_d + 量程 \times F_s}{测量值}$$

测试结果可以通过文件按钮截屏当前屏幕内容成图像格式保存至所插入的 U 盘当中,仪器会自动检测移动磁盘。

(三)拉力/压力荷载传感器

课题组设计的净锥间阻力探头可插入岩芯内部,在探头外侧连接荷载传感器,记录压入过程中的端部阻力。南京天光电气科技有限公司的 NTJL-4 型柱式内螺纹拉力传感器使用中航应变片,精度高,结构简单,互换性好,输出稳定,抗干扰能力强,外观如图 5-51 所示。

图 5-51　NTJL-4 柱式内螺纹拉力传感器

将传感器安装在阻力探头中间,通过外部螺纹旋进探头,探头前阻力即可通过传感器得到,接入显示设备,可以看到净锥尖前实时阻力。通过实验得出的黏性土不排水抗剪强度与 CPTU 净锥尖阻力 q 均有非常好的线性相关性,抗剪强度 S_u 与 CPTU 净锥尖阻力 q 满足经验关系式:$S_u = kq$(k 为经验系数)。

二、高压密闭环境下岩芯衬管旋转定位测试

(一)岩芯衬管旋转定位装置

为获取更加准确的测试数据,还需测定某些特定的参数,如电阻率等。测试探头隔着岩芯衬管无法测试岩芯,因此需要将测试探头直接与岩芯接触。课题组设计的实现岩芯外露的方法是在勘探取样前,将岩芯衬管按照参数检测系统的测试孔位置进行预打孔,然后套上薄的胶带堵住衬管上的孔洞,再进行勘探取样、岩芯转移和参数检测,此方法存在的问题是当岩芯切割后转移至参数检测系统,需要对衬管的测试孔与测试探头的位置进行对准,并固定衬管。

课题组在参数检测单元尾部增加了衬管旋转定位装置,如图 5-52 所示,装置使用法兰进行密封,中间为旋转盘,旋转盘上有 3 个固定探针和 3 个旋转槽,当固定探针旋进夹紧衬管后,可以旋转旋转槽空出的角度,通过观察窗观察测试孔的位置情况,当测试孔对齐观察窗口后,所有的测试孔相对位置也确定了,即可进行测试。

旋转定位装置的具体结构如图 5-53 所示,固定探针夹紧衬管后,可以在旋转槽范围内进行一定角度的移动,固定探针前端设计有密封圈,保证机构的密封性。通过试验发现,该处的密封圈长时间处于动态高压环境,极易损坏,因此需勤换,图 5-54 为探针密封圈损坏现象。

图 5-52　岩芯衬管旋转定位装置

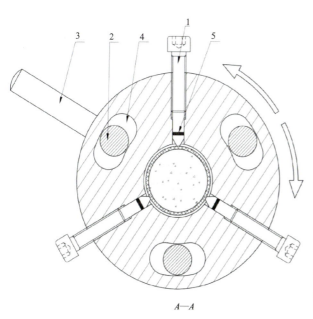

图 5-53　旋转定位装置剖面图
1.固定探针；2.第四密封圈；3.手柄；
4.旋转槽；5.第五探针密封圈。

图 5-54　固定探针前端密封圈损坏对比

(二)衬管测试孔定位测试

参数检测单元一共有5个测试孔,包括2个电阻测试孔、2个声波测试孔、1个强度荷载测试孔,每个测试孔的分布如图5-55所示,轴向上每个测试孔间隔150mm。在靠近旋转定位装置处的电阻测试孔对位开设观察窗口,垂直向外方向设置光源孔,在打光的情况下可以看清测试单元内部的情况。

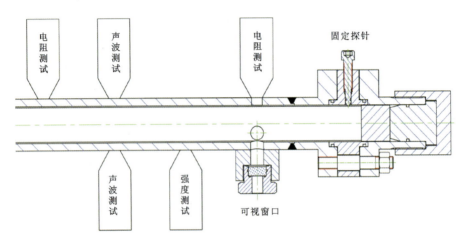

图5-55 测试探头分布示意图

将衬管按照测试孔的相对位置开设4组穿孔,如图5-56所示,以测试单元尾部堵头为基准,通过旋转定位装置和观察窗,可以精准控制测试孔的相对位置,保证测试探头能穿过测试孔后紧密接触岩芯。

图5-56 衬管预打孔测试

参数测试探头外径15mm,衬管上测试孔的孔径为18mm,装入样品前用胶带封住测试孔,装好样品后放入参数检测单元内检验定位功能。通过测试,旋转定位装置功能可靠,能实现衬管的旋转定位,保证测试探头进入衬管内,图5-57为通过旋转定位装置操作后旋进测试探头、测试探头穿过衬管的情况,图中绿色小点即为参数测试探头。图5-58为声波测试探头前端的凡士林耦合剂沾在岩芯的情况,说明测试探头与测试孔的相对位置定位比较准确,选装定位装置比较可靠。图 5-59 为所有探头刺破胶带后接触岩芯的状态图,且能测出比较准确的数据,证明岩芯衬管预打孔方案可行。

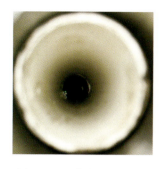

图 5-57 旋转测试探头、
探头穿过衬管情况

图 5-58 探头前端耦合剂充分接触岩芯

图 5-59 测试探头准确穿过衬管测试孔刺入岩芯

三、参数测试试验使用岩芯制备

天然气水合物后处理系统是针对天然气水合物设计研发的处理设备,各方面的设计标准都是根据天然气水合物自身的物理性质而定的,所以在试验过程中使用的岩芯最好能接近天然气水合物岩芯的物性参数,使参试设备的功能运行更加稳定,减少岩芯硬度、弹性、渗透性等对设备造成的影响。

我国的天然气水合物主要分布在近海海域和永久冻土层地区，海域的天然气水合物资源主要分布在南海及其邻近海域、东海及其邻近海域、台湾海域，海深在 500～3000m 下均有分布，硬度也有区别，因此课题组在进行室内试验时采用了不同材料制作的模拟岩芯，所使用的岩芯种类和制作岩芯材料介绍如下。

1. 冰

天然气水合物是烃类气体分子与水在高压低温环境下形成的，因其外表似冰，可以燃烧，俗称可燃冰。天然气水合物在常温常压下会发生分解，$1m^3$ 的天然气水合物在常温常压下可释放出 $164m^3$ 的天然气和 $0.8m^3$ 的水，因此使用冰块作为模拟岩芯最接近水合物物性参数。课题组使用自来水制作岩芯，在满足参数检测的岩芯长度下，使用冰柜冷冻 12h，然后进行试验，制作的岩芯如图 5-60 所示。

图 5-60 冰岩芯

2. 土＋聚乙烯醇胶水

考虑到天然气水合物在分解后硬度减小，还有浅海地区地层质地较软，使用土壤制作岩芯，聚乙烯胶水作为黏合剂，制备松软的岩芯，具有一定的黏结力，如图 5-61 所示。

3. 土＋型煤黏合剂

使用 A-1 型型煤黏合剂作为胶结材料制作岩芯，具有很高的冷、热机械强度和热稳定性，相对于聚乙烯醇，硬度较大，孔隙较小，没有较大的气泡存在，放置一段时间后黏性较强，形状稳定，拉开后可见黏结细丝，如图 5-62 所示。

图 5-61　软土岩芯

图 5-62　型煤黏合剂制作的岩芯

4. 土＋细砂＋钠基膨润土＋环氧树脂＋聚酰胺树脂

为了满足岩芯具有较强的硬度和更加致密的要求，将土和细砂进行混合，二者比例为土∶砂＝1∶2，胶结剂采用环氧树脂和聚酰胺树脂，二者混合使用，黏结剂使用钠基膨润土，以增大黏性。根据相关文献资料，砂土和胶结剂的质量比为砂土∶钠基膨润土∶环氧树脂＋聚酰胺树脂＝25∶10∶1，按照比例先将砂土搅拌均匀，在容器中将配比好的环氧树脂和聚酰胺树脂混合均匀，随后加入到砂土中，不断搅拌，在搅拌的过程中连续加入钠基膨润土，直至搅拌均匀，如图 5-63 所示。最后装入衬管中，放置 2h 后进行试验。黏结时间越长，岩芯的硬度越大，因此需控制黏结时间，控制岩芯硬度不能太大，也不能太小，具体的黏结时间与岩芯硬度之间的关系还需进一步进行实验。图 5-64 为环氧树脂胶结剂岩芯凝固后的状态。

四、纵波波速测试

纵波速度测试过程是先检验特质声波探头的功能性，当能够准确测出已知材料的纵波速度后，在常压下对各种岩芯的纵波速度进行测试，最后在压力条件下对岩芯进行测试，对

图 5-63　环氧树脂胶结剂岩芯材料配比

（从左依次为砂土混合物、钠基膨润土、环氧树脂＋聚酰胺树脂）

图 5-64　环氧树脂胶结剂岩芯凝固后的状态

比常压下的测试结果。

超声波在各种材料中的传播速度与测试环境温度、物体形状、所受的压力、磁力等都有关系。声波在固体中用纵波和横波两种形式传播，表 5-3 为超声波在不同材料内的纵波速度参考值。

表 5-3　超声波在不同材料内纵波速度参考值

序号	材料	速度/(m·s^{-1})	序号	材料	速度/(m·s^{-1})
1	铝	6305	21	铂	3962
2	水	1473	22	火石玻璃	4267
3	混凝土	2592	23	镁	5791
4	空气	340（标）	24	PVC	2388
5	黄铜	4394	25	镍	5639
6	有机玻璃	2692	26	冰	3988
7	钨	5334	27	银	3607
8	钙	2769	28	陶瓷	5842
9	锌	4216	29	普通钢	5918

续表 5-3

序号	材料	速度/(m·s^{-1})	序号	材料	速度/(m·s^{-1})
10	聚苯乙烯	2337	30	石英玻璃	5639
11	钛	6096	31	不锈钢	5664
12	聚四氟乙烯	1422	32	硫化橡胶	2311
13	锡	3327	33	铸铁	4572
14	大理石	3810	34	尼龙	2591
15	金	3251	35	汞	1448
16	环氧树脂	2540	36	石蜡	2210
17	铁	5893	37	紫铜	4674
18	煤油	1324	38	软木	500
19	铅	2159	39	花岗岩	5000
20	玻璃	5664	40	煤	1262

（一）特制声波探头检验

首先需检验特制声波探头是否满足试验要求，即在室内常压下利用 304 不锈钢、铁等材料对探头进行了检验。超声脉冲发生器脉冲宽度调整为 5200ns，超声波发射频率为 100kHz，脉冲电压为 -400V，接收增益为 0，触发源选择内部。

不锈钢圆柱体试块如图 5-65 所示，直径 42mm，探头涂上凡士林后在常温常压下测试，根据示波器显示（图 5-66）得出首波到达时间，减去声波探头延迟时间，即可得到不锈钢试块的纵波速度。经过 3 次测试得出结果如表 5-4 所示。

图 5-65 不锈钢圆柱体试块

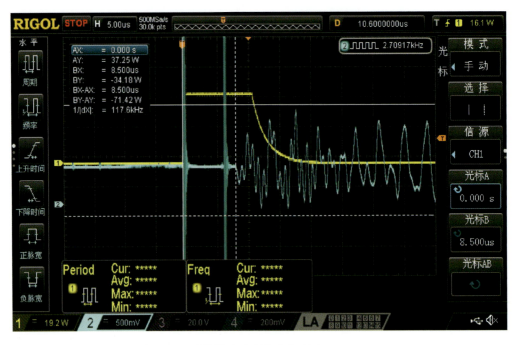

图 5-66　示波器显示首波到达时间（光标 B 所示）

表 5-4　声波探头测试结果记录表

试块材料	测试次数	首波到达时间/us	延迟时间/us	测试距离/mm	纵波速度/(m·s^{-1})	平均播速/(m·s^{-1})
304 不锈钢	1	8.5	1.2	42	5753	5627
	2	8.6	1.2	42	5675	
	3	8.9	1.2	42	5454	
铁	1	3.1	1.2	10	5263	5798
	2	2.9	1.2	10	5882	
	3	2.8	1.2	10	6250	

通过已知材料在常温常压下的纵波速度测试，可得出测试结果与参考结果较接近，证明声波探头运行正常，且测试数据比较准确，在各项参数调整合适的情况下能够准确测得样品的纵波速度，且数据可靠。

（二）常温常压下岩芯纵波速度测试

在常温下对制作的模拟岩芯进行声波测试，岩芯与岩芯衬管正常放入参数检测单元，通过旋转定位装置对准测试孔后进行声波测试，示波器显示测试结果如图 5-67 所示，测试所用岩样和测试结果如表 5-5 所示。

软土岩芯：首波到达时间28μs　　　型煤黏合剂岩芯：首波到达时间20.9μs

冰岩芯：首波到达时间10.5μs　　　环氧树脂岩芯：首波到达时间14.8μs

图 5-67　常压下不同岩芯测试结果

表 5-5　常压下岩芯声波测试记录表

岩芯类别	岩芯直径/mm	测试首波到达时间/μs	延迟时间/μs	纵波速度/(m·s^{-1})
软土岩芯	34	28	1.2	1268
型煤黏合剂岩芯	34	20.9	1.2	1726
冰	34	10.5	1.2	3656
环氧树脂岩芯	34	14.8	1.2	2500

通过试验结果可以看出，随着岩芯的密实度和硬度的不同，纵波速度也有变化，岩芯越致密，纵波速度越大，并且岩芯内孔隙对测试结果的影响较大，较松散的软土岩芯对声波衰减较大，很难测试到首波到达的时间。经过不同岩芯的声波测试，示波器得到波形比较明显，首波出现的现象也很明显，容易测得声波在样品内传播的时间，试验结果表明声波探头发射和接收功能运行可靠，测试结果也比较符合实际。

（三）压力条件下岩芯声波测试

根据常压下的不同岩芯测试结果，选择合适的、物性参数接近天然气水合物的岩芯进行压力条件下的测试。选择环氧树脂岩芯在压力条件下进行了声波测试，测试结果如图 5-68 所示。

5MPa压力条件下首波到达时间14.1μs　　　　　10MPa压力条件下首波到达时间13.6μs

图5-68　不同压力下的声波测试结果

岩芯样品直径与延迟时间不变，计算得到5MPa压力下环氧树脂岩芯纵波速度为2636m/s，10MPa压力下纵波速度为2742m/s。试验结果表明，压力对样品声波测试有影响，且压力增大，测试数据增大，分析原因可能是压力介质是水，水在高压条件下对声波的传播更有帮助，使声波衰减减小，且压力对岩芯的致密度也有一定的影响，故测得的纵波速度较常压下偏大。

五、电阻率测试

直流电阻测试仪可直接测得试样的电阻，根据在一定温度下材料的电阻 $R=\rho L/S$（ρ 为材料的电阻率，L 为材料的长度，S 为材料的横截面积），在已知当前电阻的情况下，根据试样尺寸即可计算出材料的电阻率。

为了测试电阻测试仪数据结果的准确度，选用250Ω标准电阻进行测试，测试结果如图5-69所示。由图5-69可知结果比较准确，可以进行后续试验。

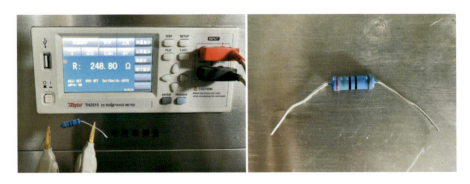

图5-69　标准电阻测试校核

对制备的4种岩芯样品电阻率均进行测试，测试过程如下：样品存放在衬管里，通过探头的旋进使探头刺入样品中，等待测试仪数据稳定即可得到样品电阻，之后通过样品尺寸进行电阻率的计算。电阻率测试结果如表5-6所示。

表 5-6 电阻率测试记录表

试样材料	测试条件	电阻/kΩ	长度/mm	截面半径/mm	电阻率/($\Omega \cdot m$)	相关参考值/($\Omega \cdot m$)
冰岩芯	室温常压	18	450	17	36.3	水合物:10~30
软土岩芯	室温常压	7	450	17	14.1	砂质黏土:30~300
型煤黏合剂岩芯	室温常压	15	450	17	30.3	泥炭:10~30
环氧树脂岩芯	室温常压凝固前	21	450	17	42.4	砂质黏土:30~300
环氧树脂岩芯	室温常压凝固后	31	450	17	62.5	砂质黏土:30~300
环氧树脂岩芯	26℃常压凝固后	31	450	17	62.5	砂质黏土:30~300
环氧树脂岩芯	26℃ 10MPa	30	450	17	60.5	砂质黏土:30~300

试样的电阻率参考值根据样品组成材料和各项物性参数选择。试验结果表明,电阻测试仪测试数据正常,可作为未知材料电阻率的测定仪器,所有岩芯的电阻率测量都在参考值范围内。试验通过控制变量法,以环氧树脂岩芯为实验材料,验证温度和压力对电阻率测试的影响,通过后3组试验可以看出,温度和压力对材料电阻的测量影响不大,主要是充压介质影响测量结果,具体地,什么样的介质会如何影响电阻还需进一步进行试验验证。

六、抗剪强度测试

通过拉力荷载传感器对岩样进行净锥尖阻力测试,在没有任何阻力的情况下将探头刺入岩样中,得到相关数据如表5-7所示,相关数据参考值如表5-8所示。

表 5-7 无阻力净锥尖阻力测试

岩芯样品	净锥尖阻力/N	抗剪强度/MPa	直接快剪经验系数
软土岩芯	2	0.1	0.05
型煤黏合剂岩芯	5	0.25	0.05
环氧树脂岩芯	50	2.5	0.05

表 5-8 抗剪强度参考值

c/kPa	0.17	0.35	0.49	0.59	0.62	0.72	0.78	0.82	0.87	0.92	0.98	1.03	1.1
$\varphi(°)$	17.7	19.8	21.2	22.2	23.0	23.8	24.3	24.8	25.3	25.7	26.4	27.0	27.3
$N_{63.5}$	3	5	7	9	11	13	15	17	19	21	25	29	31

注:黏性土抗剪强度参考《公路工程地质勘察规范》(JTG C20—2011)。

将强度测试探头安装在参数检测单元上,由于需要保证整体的密封性,在探头的前端安装了两道密封圈,探头在旋进岩芯样品时需要克服这两道密封圈的阻力。经测试得出,旋进过程中密封圈阻力在 80~100N 之间,如果检测单元内岩芯为较软的样品,则很难测出净锥尖阻力。

如果测试单元在压力条件下,探头前端直径为 15mm,假设单元内有 10MPa 压力,那么当探头向内旋进时需要克服的压力为 562.5N,这个阻力值相对于较软岩芯的净锥尖阻力来说,样品的净锥尖阻力几乎测试不到,且在压力状态下,探头旋进的过程中压力波动范围也比较大,在 50~100N 之间。因此在压力条件下测试软岩净锥尖阻力,通过差值法也比较难实现。

为了在压力条件下对样品进行强度测试,岩芯样品使用凝固后的环氧树脂岩芯,在黏合剂和胶结剂的作用下,凝固后的环氧树脂岩芯具有较强的硬度。参数测试单元充压 5MPa 进行实验,强度探头测试到净锥尖阻力为 450N,如图 5-70 所示,利用差值法减去内部压力带来的阻力和密封圈的阻力,探头前端的压力阻力为 281.25N,密封圈阻力取 100N,可得到凝固后的环氧树脂岩芯的净锥尖阻力为 68.75N,根据经验系数得到直接快剪抗剪强度为 3.44MPa。

图 5-70　5MPa 压力下的岩样净锥尖阻力

七、模拟岩芯后处理试验

根据后处理系统第一次室内试验,在完善参数检测系统的基础上,对后处理系统进行整体的岩芯压力转移切割和参数测试试验。

试验用岩芯为环氧树脂岩芯(凝固 2h),在压力 15MPa 下进行岩芯转移切割和参数测试,加入水浴循环冷却,循环液使用汽车发动机冷却液。由于厂房室温太高,系统内部温度最低只能降到20℃,如图5-71所示。试验前先进行水浴冷却,到最低温度后进行试验,T5曲线中温度在试验结束后跳动的原因是压力下降,温度有骤变。

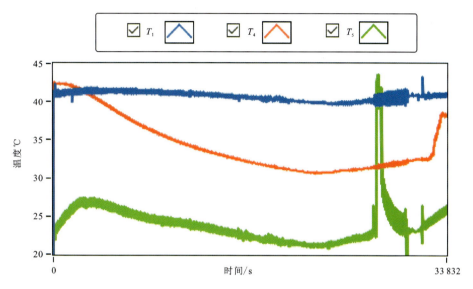

图5-71 水浴循环冷却温度曲线图

(T_1为室温曲线,T_4为参数检测系统内的温度曲线,T_5为取样器和切割系统内的温度曲线)。

试验在水浴冷却过程中调整压力为10MPa,当进行的试验步骤是将压力上升至15MPa时,由于参数检测过程中压力太大,探头旋进的阻力太大,无法测试到相关参数,因此需要降低压力进行参数测试。当压力下降到5MPa进行测试时,探头向内旋进使内部压力有所升高,最终实验过程的压力曲线如图5-72所示。

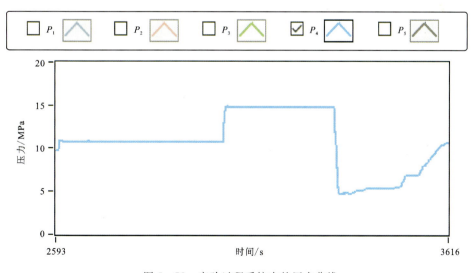

图5-72 实验过程系统内的压力曲线

系统接入水浴循环和恒速恒压泵,当温度下降到 22℃后开始进行岩芯抓捕切割试验,岩芯衬管长 2005mm,衬管直径 40mm,岩芯直径 34mm,衬管前端为外径 48mm 的抓捕接头,接头内加工有探针槽,方便抓捕装置探针刺入衬管稳定抓捕。

恒速恒压泵控制切割单元和取样器保压单元内的压力一致,随后打开两端的球阀,通过 PC 端控制抓捕机构前进,到达预定位置 3300mm 后反转步进电机,此时已经抓捕到取样器保压单元内的岩芯。抓捕机构回拉,到达 15mm 位置时停止回退,关闭切割单元球阀,取下保压单元,换上参数检测单元,充压至切割单元内的压力值,等待岩芯切割完毕。此时切割单元暂存腔内的岩芯在铡刀两侧的长度大概分布是 905mm 和 1100mm,实际岩芯切割长度分布如图 5-73 所示。启动切割装置,对岩芯进行切割,岩芯切割断面如图 5-74 所示。通过断面可以看出岩芯切割效果较好(断面平整),且可看出岩芯的组成成分。

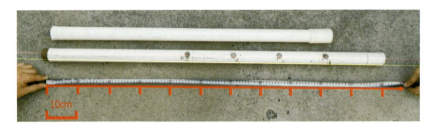

图 5-73 岩芯衬管切割长度分布

图 5-74 环氧树脂岩芯切割断面

切割完成后打开切割单元的球阀,联通参数检测单元,在抓捕机构的推进下将前段岩芯送入参数检测单元,预定位置为 2341mm,退回抓捕机构直至初始位置,关闭参数检测单元和切割单元球阀,取下参数检测单元进行岩芯的参数测试实验,再换上岩芯储存单元。调整储存单元内的压力至 15MPa,打开切割单元球阀,再次推进抓捕机构将岩芯送入储存单元,此时抓捕机构已经解卡,送入后即可退回抓捕机构,关闭储存单元球阀,完成岩芯的保压转移。

参数检测单元内岩芯长 1100mm,在 10MPa 压力条件下进行参数检测,参数检测设备如图 5-75 所示,经过测试计算,凝固 2h 的环氧树脂岩芯在 10MPa 压力下纵波速度为 2742m/s,电阻率为 60.5Ω·m,直接剪切强度为 2.5MPa。

图 5-75 参数测试设备总控箱

八、试验总结

天然气水合物后处理装置第二次室内试验完成,本次试验主要针对参数检测系统,对天然气水合物新型取样系统研发任务书规定的 3 个岩芯物理参数进行了模拟岩芯测试,测试效果较好。特制声波探头在压力条件下具有很强的收发性能;电阻测试准确,受压力影响较小;净锥尖阻力测试受外界影响比较大,测试较硬岩芯数据比较准确,软土岩芯阻力测试不明显。参数检测系统增加的岩芯衬管旋转定位装置能在密闭压力条件下对内部的衬管进行旋转,结构简单,能很好地实现测试孔的对位测试。

参数检测系统存在的问题:当系统内压力高于 10MPa 时,测试探头很难通过螺纹旋进测试岩样内;拉力荷载传感器在内压和密封圈阻力的影响下,测试数据波动较大,针对质地较软的岩芯来说,强度测试不准确。

主要参考文献

陈建文,杨长清,张莉,等,2022.中国海域前新生代地层分布及其油气勘查方向[J].海洋地质第四纪地质,42(1):1-25.

陈强,胡高伟,李彦龙,等,2020.海域天然气水合物资源开采新技术展望[J].海洋地质前沿,36(09):44-55.

陈英华.阀门仿真试验系统性能评价方法研究[D].兰州:兰州理工大学,2005.

付强,王国荣,周守为,等,2020.海洋天然气水合物开采技术与装备发展研究[J].中国工程科学,22(6):32-39.

关进安,樊栓狮,梁德青,等,2019.自然界天然气水合物勘探开发概述[J].新能源进展,7(6):522-531.

黎永发.深海沉积物取样器及其球阀关键技术的研究[D].杭州:浙江大学,2016.

刘建辉,李占东,赵佳彬,2021.神狐海域天然气水合物研究新进展[J].矿产与地质,35(03):596-602.

马小飞,黄海华,李兰芳,2021.南海地区天然气水合物(可燃冰)开采及储运方案探讨[J].广东造船,40(5):17-20.

王力峰,付少英,梁金强,等,2017.全球主要国家水合物探采计划与研究进展[J].中国地质,44(3):439-448.

王淑玲,孙张涛,2018.全球天然气水合物勘查试采研究现状及发展趋势[J].海洋地质前沿,34(7):24-32.

萧惠中,张振,2021.全球主要国家天然气水合物研究进展[J].海洋开发与管理,38(1):36-41.

萧惠中,张振.全球主要国家天然气水合物研究进展[J].海洋开发与管理,2021,38(1):6.

许红,吴河勇,徐禄俊,等,2003.区别于DSDP-ODP的深海保压保温天然气水合物钻探取心技术[J].海洋地质动态,2003,19(6):24-27.

于兴河,张志杰,苏新,等,2004.中国南海天然气水合物沉积成藏条件初探及其分布[J].地学前缘(1):311-315.

张洪涛,张海启,许振强,2014.中国天然气水合物[J].中国地质调查,1(3):6.

张涛,冉皞,徐晶晶,等,2021.日本天然气水合物研发进展与技术方向[J].地球学报,42(2):196-202.

赵克斌,孙长青,吴传芝,2021.天然气水合物开发技术研究进展[J].石油钻采工艺,43(01):7-14.

祝有海,庞守吉,王平康,等,2021.中国天然气水合物资源潜力及试开采进展[J].沉积与特提斯地质,41(4):12.

NANDA J,SHUKLA K M,LALL M V,et al,2019. Lithofacies characterization of gas hydrate prospects discovered during the National Gas Hydrate Program expedition 02,offshore Krishna-Godavari Basin,India[J]. Marine and Petroleum Geology,(03):32.